工程培训教材

室　组织编写

广府风味菜烹饪工艺

SPM 南方出版传媒
广东科技出版社｜全国优秀出版社
·广　州·

图书在版编目（CIP）数据

广府风味菜烹饪工艺 / 广东省职业技术教研室组编. —广州：广东科技出版社，2019.8（2022.1 重印）
广东省“粤菜师傅”工程培训教材
ISBN 978-7-5359-7148-7

Ⅰ.①广… Ⅱ.①广… Ⅲ.①粤菜—烹饪—方法—技术培训—教材 Ⅳ.①TS972.117

中国版本图书馆CIP数据核字（2019）第139045号

广府风味菜烹饪工艺
Guangfu Fengweicai Pengren Gongyi

出 版 人：朱文清
责任编辑：区燕宜
封面设计：柳国雄
责任校对：陈 静
责任印制：彭海波
出版发行：广东科技出版社
（广州市环市东路水荫路 11 号 邮政编码：510075）
销售热线：020-37607413
http：//www.gdstp.com.cn
E-mail：gdkjbw@nfcb.com.cn
经 销：广东新华发行集团股份有限公司
排 版：创溢文化
印 刷：广州市东盛彩印有限公司
（广州市增城区新塘镇太平洋工业区十路 2 号 邮政编码：510700）
规 格：787mm × 1 092mm 1/16 印张 14.5 字数 290 千
版 次：2019 年 8 月第 1 版
2022 年 1 月第 4 次印刷
定 价：58.00 元

广东省“粤菜师傅”工程培训教材

指导委员会

主　　任：陈奕威

副 主 任：杨红山

委　　员：高良锋　邱　璟　刘正让　黄　明
　　　　　李宝新　张广立　陈俊传　陈苏武

专家委员会

组　　长：黎永泰　钟洁玲

成　　员：何世晃　肖文清　陈钢文　黄明超
　　　　　徐丽卿　黄嘉东　冯　秋　潘英俊
　　　　　谭小敏　方　斌　黄　志　刘海光
　　　　　郭敏雄　张海锋

《广府风味菜烹饪工艺》编写委员会

主　　编：黄明超　江燕英

副 主 编：谭小敏　潘英俊　陈锡泉

参编人员：王道健　谢柱辉　李　晓　黎正开
　　　　　邹成继　李开洪　梁群敏　郭琳奋
　　　　　李　桥　李汉文　巫炬华

前言

粤菜，一个可以追溯至距今两千多年的菜系，以其深厚的文化底蕴、鲜明的风味特色享誉海内外。它是岭南文化的重要组成部分，是彰显广东影响力的一块金字招牌。

利民之事，丝发必兴。2018年4月，中共中央政治局委员、广东省委书记李希倡导实施“粤菜师傅”工程。一年来，全省各地各部门将实施“粤菜师傅”工程作为贯彻落实习近平总书记新时代中国特色社会主义思想和党的十九大精神的具体行动，作为深入实施乡村振兴战略的关键举措，作为打赢精准脱贫攻坚战的重要抓手，系统研究部署，深入组织推进，广泛宣传发动，开展技能培训，举办技能大赛，掀起了实施“粤菜师傅”工程的行动热潮，走出了一条促进城乡劳动者技能就业、技能致富，推动农民全面发展、农村全面进步、农业全面升级的新路子。2018年12月，李希书记对“粤菜师傅”工程做出了“工作有进展，扎实推进，久久为功”的批示，在充分肯定实施工作的同时，也提出了殷切的期望。

人才是第一资源。培养一批具有工匠精神、技能精湛的粤菜师傅，是推动“粤菜师傅”工程向纵深发展的关键所在。广东省人力资源和社会保障厅结合广府菜、潮州菜、客家菜这三大菜系的特色，组织中式烹饪行业、企业和专家，广泛参与标准研发制定，加快建立“粤菜师傅”

职业资格评价、职业技能等级认定、省级专项职业能力考核、地方系列菜品烹饪专项能力考核等多层次评价体系。在此基础上，组织技工院校、广东餐饮行业协会、企业和一大批粤菜名师名厨，按照《广东省"粤菜师傅"烹饪技能标准开发及评价认定框架指引》和粤菜传统文化，编写了《粤菜师傅通用能力读本》《广府风味菜烹饪工艺》《广式点心制作工艺》《广东烧腊制作工艺》《潮式风味菜烹饪工艺》《潮式风味点心制作工艺》《潮式卤味制作工艺》《客家风味菜烹饪工艺》《客家风味点心制作工艺》9本教材，为大规模培养粤菜师傅奠定了坚实基础。

行百里者半九十。"粤菜师傅"工程开了个好头，关键在于持之以恒，久久为功。广东省人力资源和社会保障厅将以更积极的态度、更有力的举措、更扎实的作风，大规模开展"粤菜师傅"职业技能培训，不断壮大粤菜烹饪技能人才队伍，为广东破解城乡二元结构问题、提高发展的平衡性、协调性做出新的更大贡献。

广东省人力资源和社会保障厅

2019年8月

COMPILATION

编写说明

《广东省“粤菜师傅”工程实施方案》明确提出为推动广东省乡村振兴战略，将大规模开展“粤菜师傅”职业技能教育培训。力争到2022年，全省开展“粤菜师傅”培训5万人次以上，直接带动30万人实现就业创业。培养粤菜师傅，教材要先行。

在广东省“粤菜师傅”工程培训教材的组织开发过程中，广东省职业技术教研室始终坚持广东省人力资源和社会保障厅关于“教材要适应职业培训和学制教育，要促进粤菜烹饪技能人才培养能力和质量提升，要为打造‘粤菜师傅’文化品牌，提升岭南饮食文化在海内外的影响力贡献文化力量”的要求，力争打造一套富有工匠精神，既适合职业院校专业教学又适合职业技能培训和岭南饮食文化传播的综合性教材。

其中，《粤菜师傅通用能力读本》图文并茂，可读性强，主要针对“粤菜师傅”的工匠精神，职业素养，粤菜、粤点文化，烹饪基本技能，食品安全卫生等理论知识的学习。《广府风味菜烹饪工艺》《广式点心制作工艺》《广东烧腊制作工艺》《潮式风味菜烹饪工艺》《潮式风味点心制作工艺》《潮式卤味制作工艺》《客家风味菜烹饪工艺》《客家风味点心制作工艺》8本教材，通俗易懂、实用性强，侧重于粤菜风味菜的烹饪工艺和风味点心制作工艺的实操技能学习。

整套教材按照炒、焖、炸、煎、扒、蒸、焗等7种粤菜传统烹饪技

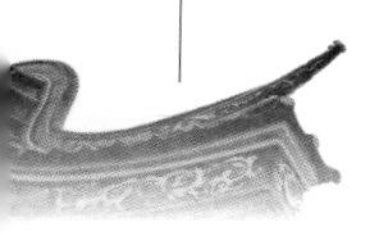

法和蒸、煎、炸、水煮、烤、炖、煲等7种粤点传统加温方法，收集了广东地方风味粤菜菜品近600种和粤点点心品种约400种，其中包括深入乡村挖掘的部分已经失传的粤式菜品和点心。同时，整套教材还针对每个菜品设计了“名菜（点）故事”“烹调方法”“原材料”“工艺流程”“技术关键”“风味特色”“知识拓展”7个学习模块，保障了“粤菜师傅”对粤菜（点）理论和实操技能的学习及粤菜文化的传承。另外，为促进粤菜产业发展，加速构建以粤菜美食为引擎的产业经济生态链，促进“粤菜+粤材”“粤菜+旅游”等产业模式的形成，整套教材还特别添加了60个“旅游风味套餐”，涵盖广府菜、潮州菜、客家菜三大菜系。这些套餐均由粤菜名师名厨领衔设计，根据不同地域（区），细分为“点心”“热菜”“汤”等9种有故事、有文化底蕴的地方菜品。

国以民为本，民以食为天。我们借助岭南源远流长的饮食文化，培养具有工匠精神、勇于创新的粤菜师傅，必将推进粤菜产业发展，助力“粤菜师傅”工程，助推广东乡村振兴战略，对社会对未来产生深远影响。

广东省职业技术教研室

2019年8月

CONTENTS

目录

一、广府风味菜 “粤菜师傅”学习要求

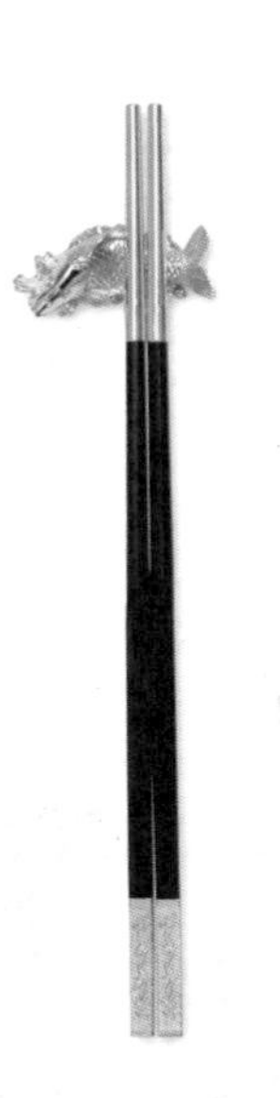

广府风味菜是粤菜的重要组成部分，是粤菜的重要基础。广府风味菜的构成是以享有“食在广州”美誉的广州地方风味美食为首，融合番禺（今广州市番禺区）、顺德（今佛山市顺德区）、南海（今佛山市南海区）的风味菜式，还涵盖中山、东莞、肇庆、清远、阳江、湛江等地区的风味菜式。以追求肴馔呈现爽、脆、嫩、滑、弹的食品质感优先为本，以调和酸、甜、鲜、咸、苦的食品味道为辅的烹饪形式自成一家，加上用料广博、选料精细、技艺精良、善于变化、品种多样雄立于中国烹饪之林。

广府风味菜的代表菜品有：糖醋咕噜肉、麒麟生鱼、五柳松子鱼、萝卜焖洗沙鱼丸、大良炒牛奶、鹅乸煲、罗定鲜炸鱼腐、中山钵仔禾虫、阳江脍肉、雷州炒三丝等。

五柳松子鱼

（一）学习目标

通过对广府风味菜“粤菜师傅”的学习，粤菜师傅实现知识和技能的双线提升，既具有娴熟的广府风味菜操作技术，也掌握系统的广府风味菜理论知识。学习目标主要包括知识目标和技能目标两方面，具体内容如下：

1. 知识目标

（1）了解粤菜的组成及广府风味菜的基本知识；了解粤菜肴馔的食品质感及食品味道的评价标准。

（2）掌握广府风味菜常用烹饪原料的种类、品质鉴定及保存方法的基本知识。

（3）了解广府风味菜刀工的基本要求及注意事项，掌握肉料腌制的基本方法，掌握配菜原则及方法的基本知识。

（4）了解广府风味菜烹调中的火候种类，掌握调味的基本原则及方法，掌握

厨艺比拼

菜肴制作中的上浆、上粉、勾芡的基本知识。

（5）了解广府风味菜厨房中的各个工作岗位及岗位职责和厨房食品卫生有关知识。

2. 技能目标

（1）能进行广府风味菜常见烹饪原料的初步加工。

（2）能进行广府风味菜（砧板岗位）刀工的正确操作，熟悉“料头”的使用。

（3）能进行广府风味菜候镬岗位的“抓镬、抛镬、搪镬”的基本操作，熟练掌握烹制菜肴前的操作姿势及技巧。

（4）能进行广府风味菜烹调过程中的火候调节和掌握各种烹调设备与工具的使用。

（5）能进行广府风味菜各种烹调法的菜式操作、制作及掌握要领和调味技巧。

（二）基本素质要求

广府风味菜粤菜师傅除了需要掌握系统的理论知识和扎实的操作技能之外，同时必须具备良好的职业素养。根据餐饮服务行业的特点，粤菜师傅必须具备的职业素养包括以下几个方面：

1. 具备优良的服务意识

餐饮业定义为第三产业，是服务业的一块重要拼图，这就决定了餐饮业从业人员必须具备强烈的服务意识及优良的服务态度。服务质量直接影响企业的光顾率、回头率及可持续发展，由此可以看出，粤菜师傅的工作态度，直接影响菜品的出品质量，并间接决定了粤菜师傅的行业影响力。基于此，粤菜师傅必须时刻端正及重视自身的服务态度，这是良好职业素养的基石。常言道，顾客是上帝。只有把优良的服务意识付诸行动，贯彻于学习和工作之中，才能够精于技艺，才能够乐

厨艺基本功练习

享粤菜师傅学习的过程，才能够保证菜品的出品质量。

2. 具备强烈的卫生意识

粤菜师傅必须具备良好的卫生习惯，卫生习惯既指个人生活习惯，同时也包括工作过程中的行为规范。卫生是食品安全的有力保障，餐饮业中的食品安全问题屡见不鲜，其中很大一部分与从业人员的卫生习惯密切相关。粤菜师傅首先必须从我做起，从生活中的点滴小事做起，养成良好的个人卫生习惯，进而形成健康的饮食习惯。除此之外，粤菜师傅在菜品制作过程中要严格遵守食品安全操作规程，拒绝有质量问题的原材料，拒绝不能对菜品提供质量保障的加工环境，拒绝有安全风险的制作工艺，拒绝一切会影响顾客身心健康的食品安全问题。没有良好的卫生习惯，一定不能成就一位合格的粤菜师傅。

厨师既是美食的制造者，又是美食的监管者，因此，厨师除了具有食物烹饪的技能之外，还须具备强烈并且是潜移默化的卫生意识，绝对不能马虎以及时刻不能松懈。厨师的卫生意识包括个人卫生意识、环境卫生意识及食品卫生（安全）意识三个方面。

3. 具备突出的协作精神

一道精美的菜品从备料到出品要经过很多道工序，其中任何一个环节的疏忽都会影响菜品的出品质量，这就需要不同岗位的粤菜师傅之间的相互协作。好的菜品一定是团队智慧的结晶，反映出团队成员之间的默契程度，绝不仅是某一位师傅的功劳。每位粤菜师傅根据自身特点都拥有精通的技能，是专才，并非通才。粤菜师傅根据技能特点的差异而从事不同的岗位工作，岗位只有分工的不同而没有高低贵贱之分，每个岗位都是不可或缺的重要环节，每个粤菜师傅都是独一无二的。粤菜师傅之间只有相互协作、目标一致，才能够汇聚成巨大的能量，才能够呈现自身的最大价值。

（三）学习与传承

粤菜的快速发展离不开一代又一代粤菜师傅的辛勤付出，粤菜师傅是粤菜发展的原动力。粤菜文化与粤菜师傅的工匠精神是粤菜的宝贵财富，需要继往开来的新一代粤菜师傅的学习与传承。

1. 学习粤菜师傅对职业的敬畏感

老一辈粤菜师傅素有专一从业的工作态度，一旦从事粤菜烹饪，就会全心全意地投入钻研粤菜烹饪技艺及弘扬粤菜饮食文化的工作中去，把自己一生都奉献给粤菜烹饪事业，日积月累，最终实现粤菜师傅向粤菜大师的升华。这种把一份普通工作当作毕生的事业去从事的态度，正是我们常说的敬业精神。在任何时候，老一辈粤菜师傅都会怀有把自己掌握的技能与行业的发展连在一起、把为行业发展贡献一份力量作为自身奋斗不息的目标，时刻把不因技艺欠精而给行业拖后腿作为激励自己及带动行业发展的动力。这份对所从事职业的情怀与敬畏值得后辈粤菜师傅不断地学习，也只有喜爱并敬畏烹饪行业，才能够全身心投入学习，才能够勇攀高峰，才能够把烹饪作为事业并为之奋斗。

2. 学习粤菜师傅对工艺的专注度

老一辈粤菜师傅除了具有敬业的精神之外，对菜品制作工艺精益求精的执着追求也值得后辈粤菜师傅学习。他们不会将工作浮于表面，不会做出几道“拿手”菜肴就沾沾自喜，迷失于聚光灯之下。他们深知粤菜师傅的路才刚刚开始，粤菜宝库的门才刚刚开启，时刻牢记敬业的初心，埋头苦干才能享受无上的荣耀。须知道，每一位粤菜师傅向粤菜大师蜕变都是筚路蓝缕，没有执着的追求，没有坚定的信念，没有从业的初心是永远没有办法支撑粤菜师傅走下去的，甚至还会导致技艺不精，一事无成。只有脚踏实地、牢记使命、精益求精才是检验粤菜大师的试金石，因为在荣耀背后是粤菜大师无数日夜的默默付出，这种执着不是一般粤菜师傅能够体会到的。因此，必须学习老一辈粤菜师傅精益求精的执着态度，这也是工匠精神的精髓。

3. 传承粤菜独树一帜的文化

粤菜文化具有丰富的内涵，是南粤人民长久饮食习惯的沉淀结晶。广为流传的广府茶楼文化、点心文化、筵席文化、粿文化、粄文化，还有广东烧腊、潮式卤味等，都成了粤菜文化具有代表性的名片，是由一种饮食习惯逐步发展成文化传统。只有强大的文化根基，才能够支撑菜系不断地向前发展，粤菜文化是支撑粤菜发展的动力，同时也是粤菜的灵魂所在，继承和弘扬粤菜文化对于新时代粤菜师傅尤为重要。经过历代粤菜师傅的不懈努力，“食在广州”成了粤菜文化的

金字招牌，享誉海内外，这是对粤菜的肯定，也是对粤菜师傅的肯定，更是对南粤人民的肯定。作为新时代的粤菜师傅，有义务更有责任把粤菜文化的重担扛起来，引领粤菜走向世界，让粤菜文化发扬光大。

广府特色建筑——镬耳墙

4. 传承粤菜传统制作工艺

随着时代的发展，各菜系之间的融合发展越来越明显，为了顺应潮流，粤菜也在不断推陈出新，粤菜新品层出不穷，这对于粤菜的发展起到很好的推动作用，唯有创新才能够永葆活力。粤菜师傅对粤菜的创新必须建立在坚持传统的基础上，而不是对粤菜传统制作工艺的全盘否定而进行的胡乱创新。粤菜传统制作工艺是历代粤菜师傅经过反复实践总结出来的制作方法，是适合粤菜特有原材料的制作方法，是满足南粤人民口味需求的制作方法，也是粤菜师傅集体智慧的结晶，更是粤菜宝库的宝贵财富。新时代粤菜师傅必须抱着以传承粤菜传统制作工艺为荣，以颠覆粤菜传统为耻的心态，维护粤菜的独特性与纯正性。创新与传统并不矛盾，而是一脉相承、相互依托的，只有保留传统的创新才是有效创新，也只有接纳创新的传统才值得传承，粤菜师傅要牢记使命，以传承粤菜传统工艺为己任。

鱼肠焗蛋

总之，粤菜师傅的学习过程是一个学习、归纳、总结交替进行的过程。正所谓“千里之行始于足下，不积跬步无以至千里”，只有付出辛勤的汗水，才能够体会收获的喜悦；只有反反复复地实践，才能够获得大师的精髓；只有坚持不懈的努力，才能够感知粤菜的魅力……通过广府风味菜粤菜师傅的学习，相信能够帮助你寻找到开启粤菜知识宝库的钥匙，最终成为一名合格的粤菜师傅。让我们一起走进广府风味菜的世界吧，去感知广府风味菜的无限魅力……

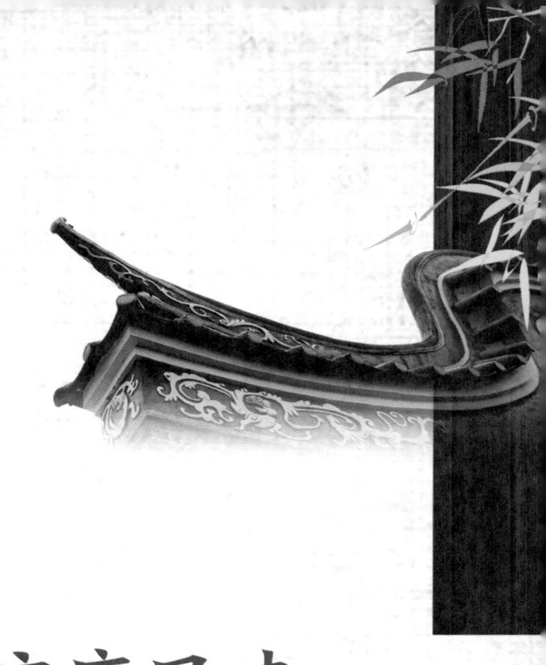

二、广府风味通用菜

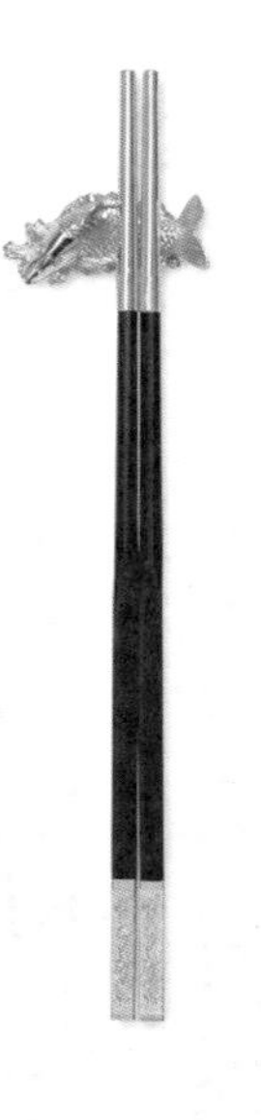

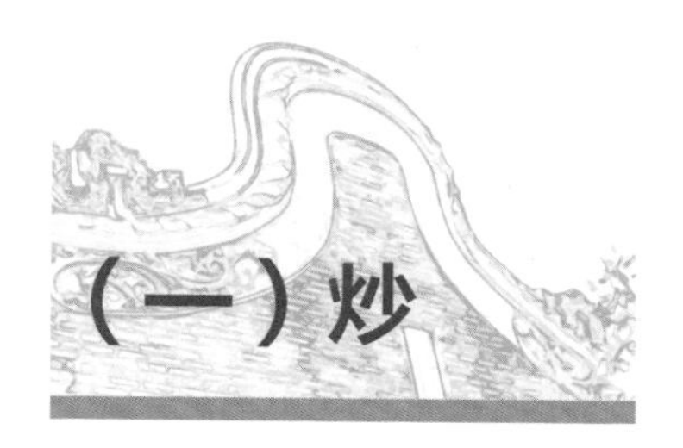

（一）炒

锦绣腰果鸡丁

名菜故事

锦绣腰果鸡丁是一道美味可口的传统广府菜，其质感与层次丰富，色彩缤纷。

烹调方法

炒法（泡油炒法）

风味特色

鸡丁质感嫩滑，味道鲜美，腰果酥脆，成品色彩丰富

技术关键

1. 炸腰果时控制好油温，炸好后要摊开晾凉。
2. 鸡丁泡油的油温不能太高，搅散可出镬沥油。

知识拓展

腰果炒虾仁烹制方法与此基本相同，虾仁要预先腌制。

原材料

主副料 鸡胸肉250克，笋肉100克，胡萝卜75克，湿冬菇40克，青圆椒1个，腰果50克

料　头 葱榄8克，蒜蓉5克，姜米5克

调味料 精盐6克，味精3克，白砂糖2克，淀粉20克，绍酒20克，芝麻油1克，花生油750克（耗油150克）

工艺流程

1 鸡胸肉切成丁，加入淀粉拌均匀。

2 清水滚过腰果，炸至酥脆，摊开晾凉待用。

3 笋肉、胡萝卜和青圆椒均切丁，冬菇切粒，笋丁、菇粒滚煨。

4 精盐、味精、白砂糖、芝麻油和淀粉加少量水调成碗芡。

5 鸡丁泡油至五成熟，倒出沥油。

6 原镬放进蒜蓉、姜米爆香，放进各种丁料、鸡丁，烹入绍酒，调入碗芡炒匀，加葱榄、炸腰果和包尾油略炒，装盘。

五彩炒肉丝

名菜故事

五彩炒肉丝以色彩命名，在口味、营养的搭配方面也十分完美。

烹调方法

炒法（泡油炒法）

风味特色

肉质嫩滑，芡薄而匀，色泽明快有光泽，色彩协调、搭配合理

技术关键

肉丝泡油的油温不宜过高，炒制的时间不宜过长，否则会影响肉丝和辅料的质感。

知识拓展

碗芡的勾芡方式可以使原材料均匀入味，缩短爆炒时间，保持原料质感。

原材料

主副料 里脊肉200克，笋肉100克，胡萝卜50克，青、红辣椒各1条，韭黄50克，冬菇丝20克

料　头 蒜蓉5克，菇丝5克

调味料 精盐5克，味精2克，白砂糖3克，淀粉10克，胡椒粉0.1克，芝麻油1克，绍酒10克，食用油500克（耗油100克）

工艺流程

1. 里脊肉、笋肉、胡萝卜、辣椒切中丝（8厘米×0.3厘米×0.3厘米）。笋丝、菇丝滚煨。
2. 肉丝用淀粉拌均匀，然后加食用油拌均匀。
3. 精盐、味精、胡椒粉、芝麻油、白砂糖等加少量水调成碗芡。
4. 肉丝泡油至八成熟，沥干油。
5. 原镬下蒜蓉、椒丝、菇丝、韭黄、笋丝、胡萝卜丝、肉丝略炒，烹入绍酒，调入碗芡，用镬铲快速炒匀，加包尾油即可。

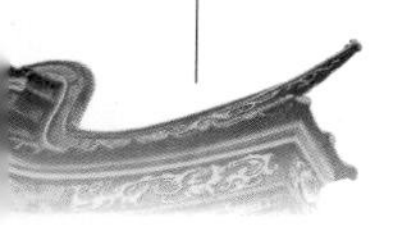

菜莸炒生鱼卷

原材料

主副料 生鱼肉200克，火腿30克，冬菇10克，菜莸1000克

料　头 蒜蓉5克，姜片5克

调味料 精盐6克，味精3克，白砂糖2克，胡椒粉1克，芝麻油2克，绍酒10克，淀粉10克，汤200克，食用油500克（耗油100克）

名菜故事

生鱼是一种营养全面、肉味鲜美的保健食品。在中国南方地区，尤其是在两广和港澳地区，生鱼一向被视为病后康复和体虚者的滋补珍品。

烹调方法

炒法（泡油炒法）

风味特色

鱼卷形状完整，色洁白，质感嫩滑，味道适中，菜莸爽脆青绿

工艺流程

1. 生鱼肉切成双飞片，加精盐拌匀。火腿、冬菇切中丝。
2. 将鱼片皮向上，平铺在碟上，每件放一条火腿丝和一条冬菇丝卷成筒状，拍上淀粉。
3. 精盐、味精、胡椒粉、芝麻油、白砂糖等加少量水调成碗芡。
4. 煸炒菜莸至熟，沥干水分。
5. 猛火下油500克，鱼卷泡油至仅熟。
6. 烧镬下油，下料头、菜莸、鱼卷，溅绍酒，下碗芡一起炒均匀，加上包尾油装盘即可。

技术关键

1. 切双飞鱼片要厚薄均匀，卷鱼卷时鱼皮需朝上。
2. 鱼卷泡油油温合适，确保鱼卷不散。

知识拓展

保持鱼肉的嫩滑，要注意把握油温，鱼肉的成熟温度为76℃左右。

（二）焖

萝卜焖牛腩

名菜故事

萝卜焖牛腩是用牛腩、白萝卜制作的一道家常菜。白萝卜吸收了肉汤的香浓味，肉汤浸透了白萝卜的清甜，相得益彰。

烹调方法

焖法（熟焖法）

风味特色

香味浓郁，芡色芡量合适

知识拓展

柱侯酱是佛山传统名特产品之一。它以大豆、面粉为原料，经制曲、晒制后成酱胚，和以猪油、白砂糖、芝麻，重蒸煮而成。其色泽红褐，豉味香浓，入口醇厚，鲜甜甘滑。适于烹制鸡、鸭、鱼等。

主副料 牛腩1000克，白萝卜500克

料　头 蒜蓉5克，姜块25克

调味料 精盐6克，味精2克，白砂糖3克，柱候酱15克，胡椒粉2克，芝麻油2克，生抽5克，老抽5克，绍酒10克，八角5克，陈皮3克，食用油500克（耗油50克）

工艺流程

1. 牛腩放入锅中煲至五成熟。
2. 取出牛腩切件，白萝卜去皮滚刀切件。
3. 滑镬下姜块、蒜蓉、柱候酱、牛腩，爆香后，热镬烹酒，下汤水、陈皮、八角、精盐、味精、白砂糖等调味料，加盖焖制1小时，然后加入白萝卜，再加盖焖制15分钟。
4. 牛腩焖制调至酱红色，勾芡即可上碟。

技术关键

1. 牛腩必须用酱料爆香再焖制。
2. 焖制注意时间火候与熟度。

蚝油焖鸡

主副料 光鸡300克，湿冬菇10克

料　头 蒜蓉5克，姜片5克，葱度10克

调味料 精盐6克，味精2克，白砂糖1克，蚝油15克，淀粉10克，胡椒粉1克，芝麻油2克，老抽1克，绍酒10克，食用油1000克（耗油50克）

名菜故事

蚝油味道鲜美、蚝香浓郁，黏稠适度，营养价值高，而菜肴蚝油焖鸡正是结合蚝油的鲜味和鸡肉的鲜。

烹调方法

焖法（泡油生焖法）

风味特色

色泽明快，味道鲜美，有蚝油香味，肉质嫩滑

技术关键

1. 鸡件分割要均匀。
2. 加盖焖制突出蚝油香味。
3. 芡色明快，芡量稍大瀉脚。

工艺流程

1 光鸡洗净，斩件，用淀粉拌匀，泡油至三成熟，沥干油分。

2 原镬放入蒜蓉、姜片、鸡件和湿冬菇，烹入绍酒，加入精盐、味精、蚝油、白砂糖调味，加入老抽调色，加盖焖熟，调入胡椒粉，用湿淀粉勾芡，放葱度拌匀，即可装盘。

知识拓展

冬菇含有丰富的蛋白质和多种人体必需的微量元素。冬菇嫩滑香甜、美味可口，香气横溢，烹、煮、炸、炒皆宜，荤素佐配均能成为佳肴。

冬瓜焖花蟹

名菜故事

冬瓜焖花蟹是很有特色的粤菜之一，清淡却味道鲜美，且清热解毒，又可滋补，实为夏日妙品。

烹调方法

焖法（泡油生焖法）

风味特色

味咸鲜，冬瓜、蟹肉鲜嫩可口，色泽红白相间，造型美观

原材料

主副料 花蟹400克，冬瓜500克

料　头 姜片10克，葱度10克，蒜蓉5克

调味料 精盐7克，味精3克，白砂糖3克，鸡精3克，芝麻油3克，淀粉10克，食用油1000克（耗油50克），猪油30克

技术关键

1. 冬瓜煨至透身但不软烂。
2. 蟹炸至外表干香，肉质鲜嫩即可，不可过火。

知识拓展

花蟹因外壳有花纹而得名，为暖水性蟹类，在我国主要分布于浙江、福建、台湾、广东、广西及海南岛等沿海。

工艺流程

1. 花蟹洗净去盖，斩成大块。拍上少许淀粉，热镬烧油，下花蟹炸至熟透。
2. 冬瓜去皮，去瓤，切成6厘米×6厘米×1厘米的块。
3. 烧镬，加水、精盐、食用油，将冬瓜煨透捞出备用。
4. 将炒镬置火上，下猪油烧热，下蒜、姜煸出香味，再加入清水，烧开后下冬瓜块、花蟹略焖片刻，下精盐、味精、鸡精、白砂糖调好味，下胡椒粉，勾薄芡，收汁，淋少许芝麻油炒匀，出镬。

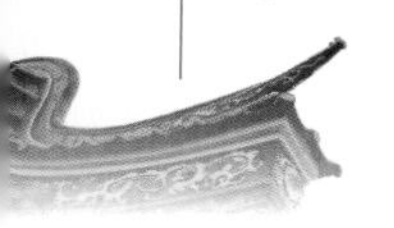

糖醋咕噜肉

名菜故事

糖醋咕噜肉又名古老肉，始于清代，酸甜可口，是广东传统名菜之一。

烹调方法

炸法（酥炸法）

风味特色

外酥松干香，内嫩味鲜

知识拓展

糖醋配方：白醋200克，片糖120克，番茄汁20克，喼汁10克，精盐5克，山楂片1小包。

主副料 五花肉250克，菠萝200克，鸡蛋1个

料　头 葱度5克，蒜蓉5克，椒件5克，洋葱件10克

调味料 精盐5克，绍酒5克，淀粉200克，食用油1200克（耗油100克），糖醋1份

工艺流程

1. 五花肉切成大小为3厘米×1.5厘米×1.5厘米的块状，用精盐、绍酒腌制5分钟，加入淀粉、蛋液拌匀，菠萝切块备用。
2. 滑镬，下油烧热，五花肉入油镬内炸透全熟至金黄色，捞起沥干油备用。
3. 原镬下料头、糖醋，煮至微沸，用淀粉勾芡，再下炸好的五花肉，菠萝炒匀，加精盐、包尾油炒匀，出镬。

技术关键

1. 炸制五花肉时注意控制油温、浸炸时间炸至金黄色即可。
2. 芡汁以包裹原料为宜，碟低略见芡汁。

吉列鲈鱼块

名菜故事

鲈鱼在粤菜的运用中十分广泛，主要有清蒸、吉列炸等做法，吉列为英文Cutlet的译音，做法源于西餐，是指制品蘸上蛋液再裹上面包糠去炸的形式。

烹调方法

炸法（吉列炸法）

风味特色

色泽金黄，外酥里脆，鱼肉鲜嫩。

技术关键

鱼块炸制时注意控制油温及炸制时间，炸至金黄色即可。

知识拓展

1. 吉列炸法中必须使用咸面包糠而不能使用甜面包糠，因为甜面包糠在炸制过程中容易过度上色。
2. 吉列炸法适用于很多不带骨的原料，如猪扒，鸡扒等，制作的过程相似。

原材料

主副料 鲈鱼肉200克，鸡蛋1个，面包糠200克

调味料 精盐3克，味精1克，绍酒5克，淀粉10克，芝麻油5克，喼汁10克，食用油1000克（耗油100克）

工艺流程

1 鲈鱼肉洗干净，改刀切成6厘米×4厘米×0.3厘米，精盐、味精、绍酒、芝麻油腌制5分钟。

2 鸡蛋打在碗中，下精盐、淀粉，调成蛋浆。

3 切好的鱼块放入蛋浆中拌匀取出，再拌面包糠放在碟子上待炸。

4 滑镬，下油烧热，下鱼块炸至熟，呈金黄色，浮起，装盘，跟喼汁上桌。

脆炸生蚝

主副料 生蚝400克，脆浆1份

调味料 精盐3克，淀粉10克，喼汁10克，食用油1000克（耗油100克）

名菜故事

广东盛产生蚝，广东人爱吃生蚝，不仅因为其营养丰富，还特喜其鲜甜多汁，质感嫩滑。

烹调方法

炸法（脆浆炸法）

风味特色

色泽金黄，外酥里脆，蚝肉鲜嫩

知识拓展

脆浆配方：低筋面粉250克，淀粉50克，食用油80克，泡打粉10克，精盐3克，清水320克。

工艺流程

1 生蚝洗净，吸干水备用。

2 调制脆浆，低筋面粉与淀粉混合过筛，下精盐、泡打粉，分两次加入水分，顺一个方向搅拌均匀，缓慢加入食用油，边加入边搅拌。

3 生蚝加入精盐、淀粉拌匀，放入脆浆中，充分裹上脆浆。

4 烧镬下油，生蚝放入油里炸至金黄色，捞出沥干油，装盘，跟味碟上喼汁。

技术关键

1. 调制脆浆不要过度搅拌，避免脆浆起筋，泡打粉分解会导致脆浆起发效果不好。
2. 要注意控制油温、炸制时间，避免过焦或吸油。

（四）煎

香煎芙蓉蛋

名菜故事

香煎芙蓉蛋是一道广东的地方传统名菜，属于广州大众筵席菜。

烹调方法

煎法（蛋煎法）

风味特色

内鲜嫩外酥脆，蛋香浓郁

技术关键

煎蛋过程中先炒部分半熟后再一起煎制，这样能加快蛋液的凝固，减少煎制的时间。

知识拓展

鸡蛋与叉烧、冬笋、香菇的味道相互融合，相得益彰。

原材料

主副料 鸡蛋4个（约250克），竹笋50克，叉烧30克，湿冬菇30克

料　头 葱丝5克

调味料 精盐5克，胡椒粉3克，淀粉10克，芝麻油5克，食用油20克

工艺流程

1. 竹笋、湿冬菇和叉烧切成中丝（6厘米×0.15厘米×0.15厘米），大葱切细丝（6厘米×0.1厘米×0.1厘米）。
2. 竹笋丝、叉烧丝、菇丝按顺序飞水，并沥干水分备用。
3. 蛋液调味（精盐、胡椒粉、淀粉、芝麻油）并打散，加入葱丝、叉烧丝和已滚煨的竹笋丝、菇丝拌均匀。
4. 滑镬，下油烧热，把一半蛋液倒进镬内炒成凝固状（即滑蛋状）铲出，加入剩余的蛋液中调匀。
5. 原镬加少许油，把半凝固状的蛋液倒进镬中，用中慢火煎成圆饼状即可上碟。

香煎黄花鱼

○○ 原 材 料 ○○

主副料 黄花鱼1条约450克

调味料 精盐5克，淀粉10克，食用油1000克（耗油100克）

名菜故事

黄花鱼含有丰富的蛋白质、微量元素和维生素，对人体有很好的补益作用，对体质虚弱和中老年人来说，食用黄花鱼会收到很好的食疗效果。

烹调方法

煎法（干煎法）

风味特色

表面呈金黄色，微有焦香，外甘酥香，肉质嫩熟

工艺流程

1 黄花鱼去鳞、鳃及肠脏，洗净。

2 用精盐在鱼的内外抹遍，放在沥水篮中腌制10分钟。

3 将鱼身上的水分擦干净，拍上薄薄一层淀粉。

4 下油镬，两面煎至酥脆金黄色后装盘。

技术关键

1. 要煎熟透，使肉酥香。
2. 黄花鱼必须腌制入味，煎时需要慢火煎。

知识拓展

黄花鱼是蒜瓣肉，很容易碎，煎制前必须要把鱼身上的水分擦干净，一定要把镬烧热再煎鱼，新手用不粘锅比较好。

果汁煎猪扒

名菜故事

果汁猪扒是将腌制好的猪扒肉挂上蛋浆后煎熟，经过勾芡、淋芡的方法调味而成的一道热菜。

烹调方法

煎法（软煎法）

风味特色

外皮酥香、肉嫩软滑、果汁味香醇厚

知识拓展

果汁配方：茄汁1500克，喼汁500克，白醋250克，白砂糖150克，味精50克，精盐10克，清水500克。

原材料

主副料 猪肉400克，鸡蛋1个

料　头 姜片10克，葱条10克

调味料 精盐2克，淀粉10克，食粉4克，绍酒10克，果汁30克，食用油25克

工艺流程

1 猪肉切成厚约0.4厘米的方块形，用刀背捶松，加入料头、调味料腌制20分钟。

2 鸡蛋与淀粉拌均匀，制成蛋浆。

3 把腌制猪扒中的姜和葱取出，加入蛋浆拌均匀。

4 猛火烧镬，加入食用油，把猪扒排在镬中，用中慢火煎至熟透，调入果汁，炒均匀便可上碟。

技术关键

1. 猪扒肉要先用刀背捶松后腌制。
2. 煎制时要将猪扒煎至两面金黄色，微焦香。

冬菇扒菜胆

名菜故事

冬菇扒菜胆是一道美味可口的传统广府菜，其质感软滑脆嫩，层次分明，色彩鲜艳，营养健康，非常适合现代都市人需求。

烹调方法

扒法（料扒法）

风味特色

冬菇质感软滑，生菜胆脆嫩，味道鲜美，成芡均匀油亮，色泽鲜艳

知识拓展

冬菇滚煨时要烹入绍酒，以便去除异味。

主副料 湿冬菇200克，生菜250克

调味料 精盐6克，味精3克，白砂糖2克，鸡粉1克，淀粉15克，绍酒15克，蚝油3克，汤200克，老抽1克，芝麻油1克，胡椒粉0.1克，食用油50克

工艺流程

1. 冬菇去蒂，加姜片、葱条，滚煨过待用，生菜切改成（长约12厘米）的菜胆。
2. 猛火烧镬，下清水、食用油、精盐，再把菇及生菜胆飞水至刚熟，倒出沥干水分，将生菜胆整齐排列上碟作为底菜。
3. 烧镬下油，下二汤或清水，烹入绍酒，下精盐、味精、蚝油、白砂糖、鸡粉、菇略煮。
4. 再下淀粉加胡椒粉、芝麻油勾芡，后下老抽调色，包尾油，把菇铺生菜上面即可。

技术关键

1. 芡汁稍紧，便于铺在生菜上。
2. 生菜胆熟度要控制好，不宜过熟，以免影响质感。

瑶柱扒瓜脯

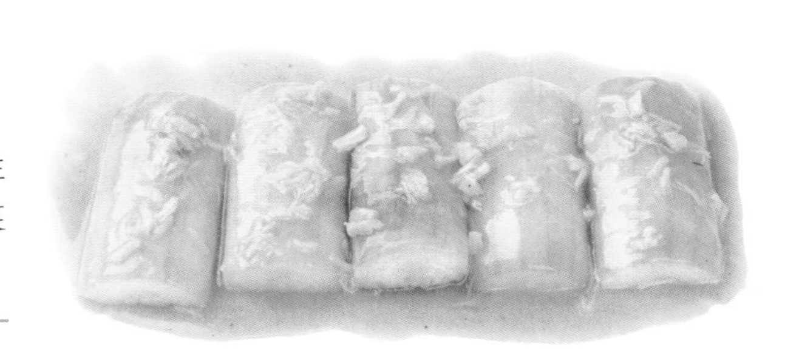

名菜故事

瑶柱扒瓜脯是以节瓜、瑶柱等材料制作而成的一道菜品。营养丰富，味道鲜美。

烹调方法

扒法（料扒法）

风味特色

味感清淡，鲜甜美味，成芡均匀油亮，色泽鲜艳

技术关键

1. 节瓜脯形状要均匀整齐，便于造型。
2. 调味要合适，芡色要均匀。
3. 芡汁稍紧，便于铺在瓜脯上。
4. 瑶柱撕碎要均匀。
5. 节瓜脯熟度要控制好，不宜过腍烂，以免影响质感。

知识拓展

瑶柱扒时蔬类菜式的制作方法与此相同。

原材料

主副料 干瑶柱25克，节瓜2条（约400克）

调味料 精盐6克，味精3克，白砂糖2克，鸡粉1克，淀粉15克，绍酒15克，芝麻油1克，胡椒粉0.1克，汤500克，食用油50克，蚝油3克，老抽1克

工艺流程

1. 干瑶柱蒸发，撕碎待用。
2. 节瓜去皮，洗净，切改成长方形脯状。
3. 瓜脯先用油略炸片刻，蒸熟后取出；排放在盘内；烧镬下油，烹入绍酒，下二汤或清水及精盐、味精、白砂糖、鸡粉，烧开，倒在瓜脯中，放入蒸柜。
4. 烧镬下油，下二汤或清水，烹入绍酒，下精盐、味精、蚝油、白砂糖、鸡粉、瑶柱略煮。
5. 下淀粉、胡椒粉、芝麻油勾芡，后下老抽调色，包尾油，把瑶柱汁淋到节瓜脯上即可。

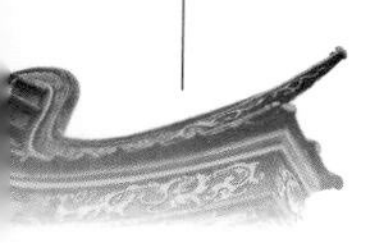

海鲜扒豆腐

名菜故事

此菜质感和味道的层次非常分明，鲜香味浓，是一道不可多得的名菜。

烹调方法

扒法（料扒法）

风味特色

味道咸鲜可口，色泽层次分明

技术关键

1. 豆腐入镬油温不宜过低。
2. 副料拉油油温略高至刚刚熟。

原材料

主副料 豆腐400克，鲜带子肉80克，虾仁50克，鲜鱿鱼80克

料　头 冬菇件20克，姜片5克，葱度10克

调味料 生抽3克，蚝油5克，老抽少许，味精7克，精盐5克，绍酒15克，胡椒粉1克，芝麻油1克，淀粉10克，食用油100克

工艺流程

1. 豆腐切长方件，泡油后，滤油必用。
2. 鲜鱿鱼飞水后泡油至熟；腌制好的带子和虾仁泡油至刚熟捞起备用。
3. 镬中下少许油，把部分料头爆香加入二汤，下炸好的豆腐、入蚝油等调味料，焖制入味，打芡上碟作为底菜装盘。
4. 烧镬下少量油，放姜片、菇，爆香，放入所有副料烹入酒，调味，打芡放在豆腐面上即可。

知识拓展

类似这道菜还有“海鲜扒菜胆”等。

（六）蒸

麒麟生鱼

名菜故事

生鱼肉质鲜美，营养价值颇高，是中国人的“盘中佳肴”。生鱼在广东又寓意“生生猛猛”，非常吉利。

烹调方法

蒸法

风味特色

味道鲜香可口，生鱼肉爽滑

知识拓展

类似这道菜还有“麒麟桂花鱼”等。

原材料

主副料 净生鱼肉500克，熟瘦火腿50克，湿冬菇50克，笋花100克，菜心200克

料　头 笋花5克，姜片10克，葱条5克

调味料 食用油60克，味精7克，精盐5克，白砂糖5克，绍酒15克，上汤50克，胡椒粉1克，芝麻油1克，淀粉5克

工艺流程

1. 笋花、冬菇滚煨后沥干水分备用。
2. 把生鱼肉铲皮，切改成长方形的厚件，火腿切成窄长方形薄片；菜心剪成郊菜。
3. 生鱼肉用精盐、味精、白砂糖拌匀至起胶后按笋花、火腿、鱼肉、冬菇的次序，一片斜叠一片，交错拼成鱼鳞形，在碟上排成2~3行，每行插入4片姜。用猛火蒸约7分钟。
4. 把郊菜炒好。
5. 上汤加精盐、味精、胡椒粉，打芡，再加入芝麻油、包尾油和均匀，淋在鱼肉上即成。

技术关键

1. 生鱼要用精盐和味精腌过。
2. 排列要整齐，蒸制时间要掌握好。

金针红枣蒸乳鸽

名菜故事

广东较有名的鸽种是原产于中山石岐镇的石岐鸽，是菜品制作的肉用型鸽。

烹调方法

蒸法（裹蒸法）

风味特色

骨软肉嫩，清香味美，原汁原味，营养丰富

知识拓展

食材排列整齐，无堆积，避免生熟不均，用小型竹笼盛装，原笼上桌，由食者自拆享用。

原材料

主副料 乳鸽2只，金针菇25克，红枣2个，枸杞子5粒，干荷叶1张

料　头 姜丝3克

调味料 精盐5克，味精3克，胡椒粉0.1克，芝麻油1克，绍酒10克，淀粉15克，食用油15克

工艺流程

1. 将乳鸽斩小块状，每件约重8克，加入调味料拌匀。
2. 金针菇煨过，红枣去核对半切，干荷叶洗净。
3. 乳鸽加入金针菇、红枣、枸杞子用荷叶包好呈圆包形，入笼猛火蒸8分钟即成。

技术关键

1. 先拌味料，再拌淀粉后拌油。
2. 乳鸽去血污洗净吸干水分。

豉汁蒸排骨

主副料 排骨400克

料　头 蒜蓉5克，葱度5克

调味料 精盐2克，味精1克，白砂糖2克，豆豉碎5克，绍酒3克，老抽2克，胡椒粉0.1克，淀粉8克，食用油3克

名菜故事

豉汁蒸排骨是一道色香味俱全的传统名菜，一般选用远近闻名的阳江豆豉。

烹调方法

蒸法（平蒸法）

风味特色

色泽光亮，豉香浓郁

知识拓展

豆豉宜剁蓉状。判断排骨蒸熟特征：肉微缩，骨稍凸出。排骨烹制方法多样，清蒸、可乐焗、蒜香炸等。

工艺流程

1 排骨斩方形件，洗净沥干水分。

2 加蒜蓉、豆豉碎等调味料，老抽调色，拌淀粉，最后拌食用油，铺碟。

3 中火蒸约8分钟，加入葱度略蒸即成。

技术关键

1. 中火蒸制，避免排骨泻油、霉烂。
2. 汁清离碟，即熟透。

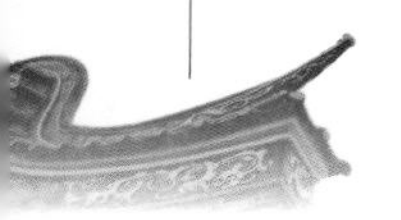

豉油皇焗虾

名菜故事

豉油，是粤菜制作中不可缺少的一种重要的调味料，而以豉油为基础经过精心调配而成的豉油皇更是经典复合调味汁。

烹调方法

焗法（汁焗法）

风味特色

色大红，虾鲜香爽弹，味咸鲜

技术关键

1. 虾要剪净，挑出虾肠。
2. 炸虾油温要足够。
3. 焗的时间不宜过长。

主副料 明虾500克

料　头 蒜蓉5克，姜米3克，葱花2克

调味料 豉油皇35克，绍酒5克，芝麻油2克，胡椒粉0.5克，食用油1000克（耗油80克）

工艺流程

1 虾剪去虾须、虾枪、虾脚，剪掉1/3尾和尾枪，挑去虾肠，洗净备用。

2 把虾放油中炸至酥脆，捞起沥干油分。

3 滑镬下油，放入蒜蓉、姜米爆香，再放入虾，烹绍酒，下豉油皇，加盖稍焗。

4 下芝麻油、胡椒粉拌匀，撒上葱花，出镬装盘。

知识拓展

豉油皇的调制

用料：

①鲜汤500克，炸过的大地鱼干10克，香菇15克，尖椒20克。

②芹菜30克，芫荽20克，姜片30克，葱条30克，洋葱30克，胡萝卜30克。

③生抽120克，美极生抽50克，老抽3克，胡椒粉3克，蚝油30克，泰国鱼露30克，鸡粉20克，鸡汁10克，白砂糖25克。

方法：

①镬内放油，将用料②爆炒出香味，加入鲜汤，香菇和大地鱼干熬出味，过滤备用。

②待晾凉后加入用料③调匀溶解，将尖椒拍裂放入浸出味即成豉油皇。

鱼肠焗蛋

名菜故事

20世纪三四十年代，广州一些酒店，有一款钵仔菜“赛禾虫”（即“鱼肠焗鸡蛋”）甚为流行。鱼肠在炉里用慢火烘焙，发出吱吱声，色泽金黄悦目，味道甘香浓郁。

烹调方法

焗法（炉焗法）

风味特色

色泽金黄，味道甘香

知识拓展

可根据实际需要，加入油条、芫荽、红葱头等配料。

主副料 鸡蛋4个，鲩鱼（草鱼）肠300克

料　头 姜丝5克，葱丝5克

调味料 精盐6克，芝麻油2克，胡椒粉1克，姜汁酒10克，食用油50克，陈皮丝3克

工艺流程

1 把鱼肠切成8厘米的段，加入精盐2克、姜汁酒拌匀腌制15分钟，鱼肠段飞水，煎香备用。

2 鸡蛋打入碗内，加精盐4克、芝麻油、胡椒粉、姜丝、陈皮丝、葱丝和煎过的鱼肠一起搅打均匀。

3 混合的蛋液倒入内壁涂油的陶钵内，放入200℃烘箱内焗20~25分钟即可。

技术关键

1. 鱼肠要彻底清洗干净并去除附在上面的肥油。
2. 用姜汁酒腌制鱼肠可减少腥味，煎过可起到增香作用。

三、广府地方风味菜

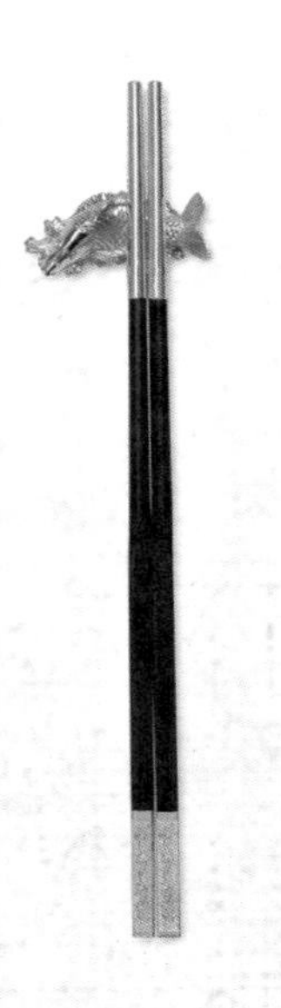

（一）广州风味菜

茶香虾

主副料 明虾400克，上等铁观音15克

料　头 姜片10克，葱度10克

调味料 椒盐3克，盐焗鸡粉8克，芝麻油2克，绍酒5克，淀粉10克，食用油700克（耗油80克）

名菜故事

茶香虾，是将茶叶用沸水冲泡后滤出茶叶，把虾放入茶汤中浸泡入味，然后将炒香的茶叶放入镬内，与鲜虾一同翻炒入味而成。

烹调方法

炸法

风味特色

虾身酥脆，茶香浓郁

工艺流程

1 将虾剪好备用，铁观音冲泡，取二次茶水100毫升晾凉。

2 把虾放进晾凉的茶汤内，同时放入盐焗鸡粉和绍酒腌制15分钟入味。腌制好的虾拍上淀粉10克。

3 滑镬，倒入少量油，低温炒泡好的铁观音茶叶。

4 待铁观音炒出茶香后，放入3克椒盐进行翻炒，炒至茶叶吸收盐味，捞出备用。

5 镬中重新放油，加热，放入拍好淀粉的虾炸虾身红透，然后重新升高油温，将虾复炸一遍。

6 炸好的虾与炒好的铁观音、芝麻油一同放入镬中翻炒半分钟即可装盘。

技术关键

1. 虾在复炸时要注意时间，几秒即可，切不可炸焦。
2. 茶叶最好选用龙井或者铁观音，味道更浓香。

鸡丝烩鱼面

名菜故事

鱼面就是利用鲮鱼肉本身的胶性，制作鱼面。最好选用一斤左右的土鲮鱼，将鱼肉（不带红肉）用刀刮出，然后加入冰过的菊花水，用手挞成鱼胶，再放入挤花袋中，用力挤出连绵不断的细长鱼线浸熟。

烹调方法

烩法

风味特色

羹质柔滑，稀稠合度，味道鲜甜

知识拓展

烩是将经过初步熟处理的主、副料放进调好味的鲜汤中加热，待汤微沸时调入芡粉，制成香鲜柔滑羹汤的烹调方法。

原材料

主副料 鲮鱼肉500克，鸡脯肉200克

料　头 菇丝5克，韭黄段10克

调味料 精盐5克，味精3克，绍酒15克，胡椒粉0.1克，淀粉15克，上汤1000克，芝麻油1克，熟食用油5克

工艺流程

1 鲮鱼肉加精盐制成鱼胶，放进挤花袋，挤成鱼面，用上汤浸熟。鸡脯肉切中丝。

2 鸡丝放热油里泡油至五成熟，沥干油分。

3 炒镬烧热，烹入绍酒，加入上汤、菇丝、鱼面、鸡丝，调入精盐、味精、胡椒粉、芝麻油，至微沸时，用淀粉推芡，下韭黄，熟食用油和匀，盛放在汤碗里即可。

技术关键

1. 韭黄容易熟，必须后放。
2. 羹料与汤水的比例一般以1：（2.5~3）为宜。

韭菜花炒河虾仔

○○原 材 料○○

主副料	新鲜河虾250克，韭菜花150克，红椒50克
料　头	蒜片5克，姜花3克
调味料	精盐5克，味精3克，蚝油5克，生抽2克，食用油500克（耗油50克）

名菜故事

韭菜花香，河虾鲜，搭配起来炒制风味独特，鲜香诱人，营养丰富。

烹调方法

炒法

风味特色

味道咸鲜，清淡爽口

知识拓展

河虾广泛分布于我国江河、湖泊、水库和池塘中，是优质的淡水虾类。肉质细嫩，味道鲜美，营养丰富，颇得消费者青睐。

工艺流程

1. 河虾剪去虾枪，用淡盐水泡再反复冲洗干净滤干水，韭菜花切段，红椒切条。
2. 炒镬烧热，下油下河虾炸至红色，盛出备用。
3. 炒镬热油，放虾炒香，跟着下红椒和韭菜花翻炒均匀至熟，调入余下的调味料即可。

技术关键

1. 一定要将河虾剪去虾枪，否则吃的时候容易扎嘴。
2. 用淡盐水很容易将虾清洗干净。

金丝虾球

名菜故事

金丝虾球外酥里嫩，颜色金黄，造型也较美观，老少皆宜，很适合节日的餐桌。

烹调方法

炸法

风味特色

酸甜适口、香脆味美、外观金黄

技术关键

制作虾胶的虾肉需要吸干水分。

知识拓展

奇妙酱起源于地中海的米诺卡岛，使用大量鸡蛋和油制作而成。

主副料 基围虾肉300克，土豆300克

调味料 肥膘肉30克，精盐5克，味精3克，卡夫奇妙酱50克，芒果酱20克，青芥末1克，食用油1000克（耗油100克）

工艺流程

1. 肥膘肉切幼粒，放冰箱待用，虾肉剁烂，加精盐和味精，搅打起胶，加肥肉即成虾胶。
2. 土豆去皮洗净，切成细丝，放入清水中浸泡去多余的淀粉。
3. 土豆丝吸干水分，热油里搅散炸至金黄，倒出沥干油分。
4. 把虾胶挤成10克一颗的虾丸，入油中浸炸熟透。
5. 虾球裹上卡夫奇妙酱、芒果酱及青芥末混合的酱料，再粘上炸好的土豆丝即可。

虾子柚皮

名菜故事

虾子柚皮体现了粗料细作的粤菜本质，将原本弃之不用的柚皮变得有滋有味，成为一道名菜，其中功夫不言而喻。

烹调方法

焖法

风味特色

柚香馥郁，清淡宜人，虾子鲜美

知识拓展

虾子柚皮也有用泰国出产的青柚，因其果肉尚未成熟，整个柚子的精华都在柚皮里，因而这种柚子是专取皮而不取肉的。

原材料

主副料 柚皮500克，虾米5克，虾子20克，上汤1000克

调味料 精盐2克，味精2克，白砂糖3克，蚝油10克，老抽1克，生抽5克，猪油5克，淀粉3克

工艺流程

1. 先切去柚皮顶部较粗的纤维，用刀削去青色外皮，留下白色的内层。
2. 置柚皮在一大锅水内，大火烧开，煮至柚皮吸收水分，约10分钟（筷子能捅穿即可）。
3. 倒柚皮在筲箕内，沥尽水分，放入冰水中，反复用手挤去皮中涩味。
4. 热镬下猪油，放虾米爆香后，下上汤煮沸，调味，将去涩味的柚皮放在汤中焖10分钟。
5. 焖煮好的柚皮装盘，锅内剩余的汤汁用淀粉勾薄芡，淋在柚皮上。
6. 热镬，放入虾子炒香，然后均匀撒在柚皮上即成。

技术关键

1. 柚皮需用冰水去尽苦涩味。
2. 用上汤焖煮，荤素搭配，借用鲜美酱汁渗透其中，构成丰富的食味。
3. 在汤微沸时调入芡粉，并迅速推匀。

白果猪肚煲

名菜故事

煲是指煲汤，是将原料和清水放进瓦汤煲内，用中慢火长时间加热，经过调味，制成汤水香浓、味道鲜美、汤料软脸的汤菜的烹调方法。

烹调方法

焖法

风味特色

汤色奶白，汤醇味鲜，猪肚软脸

知识拓展

猪肚的清洗：将猪肚里外翻转，用清水、盐搓洗3遍再放进沸水中略烫，用小刀刮去肚苔及黏液，再用清水洗净。

原材料

主副料 猪肚400克，白果50克，薏米15克，茨实15克，大枣15克，腐竹40克

料　头 姜片15克

调味料 精盐50克，味精3克，绍酒15克，白胡椒粒3克，淀粉30克，上汤2000克

工艺流程

1 猪肚清洗干净。

2 白果去壳后剥去外膜，白胡椒拍破。薏米、茨实、大枣和腐竹均用清水洗净。

3 猪肚用绍酒和姜片飞水。

4 瓦汤煲中放入上汤煮沸，放入焯过的猪肚、茨实、薏米、白胡椒粒和大枣，再次煮沸后转小火煲1小时。捞出猪肚切件，再放回煲中。

5 加白果、腐竹，煲40分钟，调味即可。

技术关键

1. 汤水量与汤料量比例合适，且要一次加足，中途勿加水。
2. 猪肚在初加工时要洗净黏液，可用盐、生粉反复搓洗。
3. 胡椒粒加入之前若干炒起香，可增加香辣味。

铁板茄子

名菜故事

铁板烧是将一块生铁铸成的厚铁板加热烧得滚烫，放在一块木板上，放上菜肴，发出“吱吱”的响声，并溢出香味，给客人一种现烹现食的感觉。

烹调方法

铁板烧法

风味特色

细嫩可口，油而不腻，热气腾腾，香气浓郁

知识拓展

1. 糖醋汁的原料：白醋500克，白砂糖300克，茄汁50克，喼汁25克，精盐20克，山楂片2小包。
2. 制作肉胶必须以搅擦为主，挞为辅，而且挞制手法要同一个方向。

原材料

主副料 茄子300克，肉胶50克，虾胶50克

料　头 青红椒粒50克，炒香芝麻少许

调味料 糖醋汁100克，叉烧酱5克，精盐3克，味精2克，上汤100克，酱油5克，淀粉50克，食用油1000克（耗油100克）

工艺流程

1. 茄子洗净对半切，用刀在茄子一侧切成夹刀片（用于酿肉馅）。
2. 将肉胶、虾胶制成肉馅酿入茄子的缺口处，涂抹均匀，拍淀粉，放进热油中炸熟透捞出。
3. 烧热铁板。
4. 把炸好的茄子放在烧热的铁板上，撒上炒香的青红椒粒、芝麻，淋上糖醋汁即可。

技术关键

1. 茄子下油镬炸制需七成热油温，茄子炸出来不易变色。
2. 铁板一定要烧热，否则上菜时，无法体现铁板发出的响声和香气。

煎焗鱼嘴

名菜故事

“煎焗鱼嘴”是鱼嘴经过煎香后，用少量的汤水和姜汁酒洒在热镬内，产生的热水汽将鱼嘴焗熟的一道菜。

烹调方法

煎焗法

风味特色

色泽金黄，酥脆甘香

知识拓展

鱼嘴2500~3000克为适中，而选用1000克左右的小鱼鱼嘴，则骨软易煎，肉也更加鲜美嫩滑。

原材料

主副料 鳙鱼嘴400克

料　头 姜件10克，姜花10克，葱度10克

调味料 精盐5克，味精3克，胡椒粉3克，绍酒10克，淀粉15克，美极鲜酱油10克，生抽5克，芝麻油2克，食用油25克

工艺流程

1 鳙鱼嘴斩件加入精盐3克、味精2克、生抽拌均匀，腌制5分钟。

2 把美极鲜酱油、精盐2克、味精1克、淀粉5克、胡椒粉和芝麻油放在碗里，加入汤水调成味汁。

3 烧镬下油，把腌制好的鱼嘴和姜件一起，慢火煎香至仅熟。

4 烹入绍酒，放入料头和味汁加盖焗至味汁收干即可。

技术关键

1. 鱼嘴必须腌制入味。
2. 焗鱼嘴时，火不要太猛。

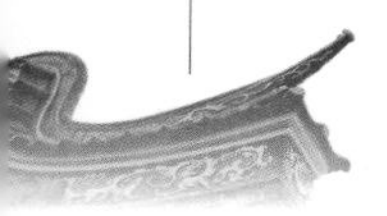

铁板生肠

名菜故事

铁板生肠上桌时热气蒸腾，可以让生肠保持温热，微微焦黄的外皮，恰到好处的酱料，还有黑椒汁把味道中和得刚刚好。

烹调方法

铁板烧法

风味特色

酱味十足，香气扑鼻，生肠爽口脆嫩

技术关键

铁板一定要烧热，否则上菜时，无法体现铁板发出的响声和香气。

知识拓展

铁板类菜肴选用广泛，主要选用新鲜、易熟、无骨、无腥膻气味原料，如牛肉、豆腐、墨鱼仔等。

原材料

主副料 猪生肠300克，洋葱50克，青椒50克，红椒50克，香芹50克

料　头 姜片2克，蒜片2克

调味料 黑椒汁50克，海鲜酱10克，精盐3克，味精2克，蚝油5克，生抽5克，食用油500克（耗油50克）

工艺流程

1. 猪生肠去筋、去红膜，改长8厘米、宽1厘米的条，用水冲洗3~5遍后捞出控水，加食用碱拌匀，涨发半小时。
2. 洋葱、青椒和红椒切菱形块，香芹切段。
3. 涨发后的猪生肠入沸水中大火飞水1分钟，捞出用清水冲洗干净。
4. 黑椒汁、海鲜酱调匀成混合酱，加生抽、精盐、味精、蚝油拌匀成酱汁。
5. 烧镬下油，烧至五成热时放入猪生肠小火滑20秒，捞出控油。
6. 镬内留油10克，烧至七成热时入蒜片、姜片中火煸炒出香，加酱汁小火翻匀，洋葱、青红椒件和猪生肠大火翻匀，装入烧热的铁板即成。

五柳松子鱼

名菜故事

松子鱼是一道广东的传统名菜，属于粤菜，把江苏名菜松鼠鱼加以革新而成，松子鱼因鱼肉状如松子，故而命名，其特点是外形美观，高雅大方，酥脆甘香，微酸微甜，醒胃可口，是宴席常品。

烹调方法

炸法

风味特色

色泽金黄，整体酥脆，内嫩味鲜，酸辣刺激，美味可口

知识拓展

五柳料是用瓜英、锦菜、红姜、白姜、酸荞头加糖腌制成。

主副料 鲩鱼1条750克

料　头 五柳丝50克，辣椒丝5克，蒜蓉2克，葱丝5克

调味料 精盐2克，味精2克，白砂糖10克，绍酒2克，胡椒粉1克，芝麻油1克，淀粉100克（约耗用50克），糖醋100克，食用油1000克（耗油100克）

工艺流程

1 起出鱼肉两条，切去腹部鱼腩部分。分别在两条鱼肉面上用双斜刀做出“井”字花纹。

2 切好的鱼肉用精盐、芝麻油等调味料拌匀，加蛋液拌匀，然后拍上淀粉。

3 滑镬下油，将两条上粉的鱼肉放入镬中炸至金黄色酥脆，取出摆放碟中。

4 下五柳丝、蒜蓉、辣椒丝、糖醋煮至微沸后用淀粉勾芡，加葱丝，包尾油和匀淋在鱼面上即可。

技术关键

1. 上粉前原料必须沥干水分。
2. 原料下镬时，宜从镬边下。

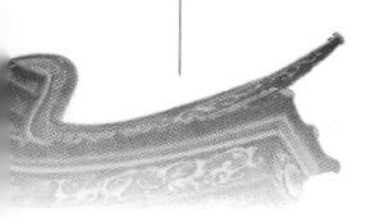

香叶乌鬃鹅

名菜故事

这道菜是广州从化的名菜，选用专吃草长大的鹅，配以香料，用大瓦煲文火焗之，食时香气袭人。

烹调方法

焗法

风味特色

香味浓郁，鹅肉酥烂

技术关键

1. 料头需爆香再加水焗制。
2. 焗制时要加盖。
3. 斩鹅肉刀工要均匀。

知识拓展

乌鬃鹅是广东四大名优鹅之一。

原材料

主副料 乌鬃鹅1只（光鹅2500~3000克），生菜胆200克

料　头 蒜蓉2克，姜末2克，姜件5克，葱条2条

调味料 精盐10克，片糖20克，生抽20克，老抽5克，蚝油10克，绍酒10克，五香粉10克，黄皮叶2片，香茅1根，香叶2片，八角1颗，陈皮1片，食用油2000克（耗油100克）

工艺流程

1. 用蒜蓉、姜末、五香粉、精盐放入鹅内膛涂匀，用长针缝合腹部。
2. 用生抽将鹅外表涂匀，热油炸至外表金红色捞起。
3. 将姜件、葱条爆香，烹入绍酒，加水（水量不要过多）用竹篾垫底，放入各种香料，将鹅平放在上面，烧滚后调味，加盖焗制，中途鹅要转身，并要收汁，汁不要太多，鹅要熟透。约需焗90分钟。
4. 鹅斩件上碟，用灼熟后的生菜胆伴边，原汁打芡淋上面（也可直接淋原汁）。

生炸乳鸽

名菜故事

鸽肉味道鲜美，高蛋白质低脂肪，矿物元素含量丰富，氨基酸组成平衡，易被人体消化吸收。

烹调方法

炸法

风味特色

上色均匀，色泽大红，质软嫩，气味芳香，味鲜美

知识拓展

民间素有"一鸽胜九鸡"的说法。

原材料

主副料 乳鸽两只（约重900克）

调味料 精盐2克，味精2克，绍酒3克，五香粉3克，淮盐3克，淀粉5克，脆皮水90克（约耗用5克），姜片2片，葱2条，食用油1000克（耗油100克）

工艺流程

1 乳鸽用姜片、葱条、五香粉、精盐、味精、绍酒腌10分钟。

2 将腌制好的乳鸽洗净过一下热水，上脆皮水，晾干。

3 滑镬下油，放入乳鸽炸至大红色并熟，取出，滤去油。

4 乳鸽切块，配上淮盐，在碟中砌回鸽形即成。

技术关键

1. 上色要均匀，色泽炸至大红。
2. 掌握好炸制时间与油温，既要使鸽肉香酥，又要使肉质含充盈的水分。

紫苏焖鸭

名菜故事

紫苏焖鸭是一道有广大群众基础的菜，将鸭碎件原料经油泡或爆炒，放在镬中加入汤水和调味品，加盖用中火加热至软熟，经勾芡而成一道热菜。

烹调方法

焖法

风味特色

紫苏味浓，香味浓郁，鸭肉酥烂。

原材料

主副料 鸭肉400克

料　头 红椒件5克，姜片5克，蒜子3克

调味料 白酒10毫升，鲜紫苏10克，柱候酱8克，啤酒350毫升，食用油10克

工艺流程

1. 鸭肉切成5厘米的方形块，飞水后用姜、蒜、白酒腌制一下，去除臊味。
2. 炒镬烧热下油，爆香姜片、蒜子和柱候酱后放入紫苏炒香，再放入鸭肉块炒香。
3. 调味后，加入啤酒将鸭肉块焖熟，大约需要20分钟，最后勾芡便可上桌食用。

技术关键

1. 料头和柱候酱需爆香，放入鸭肉块再加水焖制。
2. 焖制时要加盖。
3. 鸭肉刀工要均匀。

知识拓展

紫苏叶是一种在中国南方地区广为使用的美味调味品，人们常常用它的叶子做菜。

太爷鸡

名菜故事

太爷鸡是一道特色传统名菜，属于粤菜系。太爷鸡又名“茶香鸡”，色泽枣红，光滑油润，皮香肉嫩，茗味芬芳，吃后口有余甘，令人回味。

烹调方法

卤法

风味特色

色泽枣红，皮香肉嫩，茶味芬芳，令人回味

技术关键

1. 在浸的过程中，要把鸡提起倒出鸡腔内的汁，再把滚汁灌入鸡腔，灌满后倒出再灌，反复数次，使内外均匀受热。
2. 将盖盖严，使上色均匀，烟香味十足。

原材料

主副料 光鸡项一只约1250克，水仙茶叶100克，卤水5000克

调味料 味精2克，芝麻油5克，红糖50克，上汤15克，食用油50克

工艺流程

1. 光鸡项洗净，放入微沸的卤水中浸20分钟。
2. 中火烧热炒镬，下油，下水仙茶叶炒至有香味，然后均匀地撒入红糖，边撒边炒茶叶。
3. 待炒至冒烟时，将蒸架放入（距离茶叶约7厘米），并马上将鸡放在蒸架上，加镬盖端离火口，熏5分钟后把鸡盛起。
4. 取卤过鸡的卤水75克、上汤15克、味精、芝麻油调成料汁。
5. 把鸡切块，淋上料汁便成。

泥焗鸡

名菜故事

话说从前有个乞丐，在路上见到一只狐狸咬着一只鸡，乞丐一棍打跑了狐狸，捡起鸡，鸡颈被狐狸咬伤了。乞丐抱着鸡往前走，看见一条小山村，于是入村见人就问："鸡是谁的？"。见无人认领，乞丐于是在路边煮鸡吃。时值冬天，割了稻子，稻田晒得干裂，表面一层泥好像一片片瓦。乞丐把一片片泥瓦砌成一个炉，炉里堆起柴火，把炉子烧得通红。乞丐把鸡连毛糊上烂泥巴，就近摘了芋头叶，把泥鸡包好，放入红炉中，将炉子上部的泥片压碎，全鸡封好。炉子渐渐凉了，乞丐把鸡掏出，芋头叶焦了，烂泥巴干硬了，乞丐把泥一剥，混粘着鸡毛成片拔下，鸡肉奇香无比，一阵香风吹入小村，村民一见，有人盛饭、有人拿米，跑出来同乞丐换块鸡肉吃。从此，泥焗鸡的做法就传开了。

原材料

主副料 鸡项1只（1000克），鲜荷叶4张，猪网油300克，酒坛泥3000克，玻璃纸1张

料　头 葱花25克，姜末10克，葱白度50克

调味料 精盐5克，味精3克，生抽5克，胡椒粉2克，绍酒20克，五香粉2克，芝麻油50克，熟猪油50克，食用油100克

工艺流程

1. 鸡项去内脏洗净，加精盐3克、味精3克、生抽15克、绍酒20克、胡椒粉2克，腌制1小时取出，将2克五香粉抹于鸡身。
2. 用猪网油紧包鸡身，用荷叶包一层，再用玻璃纸包一层，外面再包一层荷叶，然后用细草绳扎成椭圆形。
3. 将酒坛泥碾成粉末，加清水调和，平摊在湿布上（约厚1.5厘米），再将捆好的鸡放在泥的中间，将湿布四角拎起将鸡紧包，使泥紧紧粘牢，再去掉湿布，用锡纸包裹。
4. 将裹好的鸡放入烘箱，用200℃高温烘30分钟，然后改用小火烘10分钟。

烹调方法

焗法

风味特色

皮色金黄橙亮，肉质肥嫩酥烂，香味浓郁，原汁原味，风味独特

知识拓展

在焗制时，有的用烘箱，而有的则用泥炉，即放入堆好的泥炉里焗，20分钟后，推倒泥炉，再过15分钟，扒出泥鸡包，清理好表面的泥，打开即可以食用。

5 取出烤好的鸡，敲掉鸡表面的泥，解开绳子，揭去荷叶、玻璃纸，抹上芝麻油。上桌后把鸡分成小块，即可食用。

技术关键

1. 以头小体大，肥壮细嫩的三黄（黄嘴、黄脚、黄毛）母鸡为好。
2. 荷叶包鸡前先用开水焯使之柔软，防止破碎。
3. 鸡要腌渍入味，包裹鸡时要整洁牢固，清洁卫生，防止黄泥渗入鸡肉内。
4. 用酒坛泥包裹捆扎鸡时，黄泥要反复捣烂粘合，以便烘制时无裂缝。
5. 烘制时间要长，不能急于求成，要烘熟透。

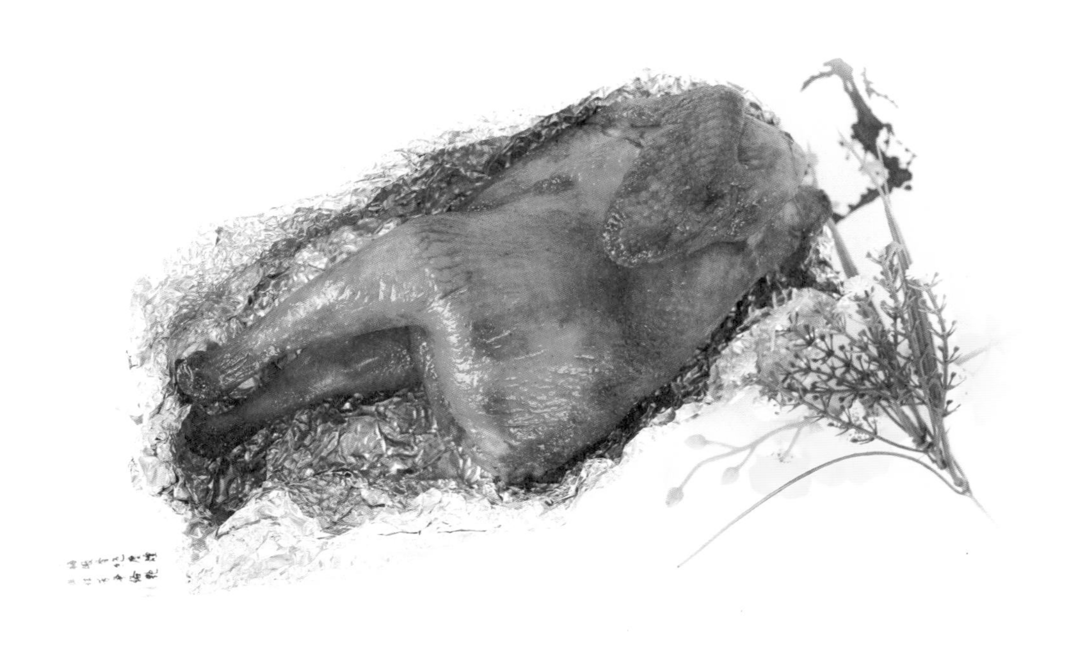

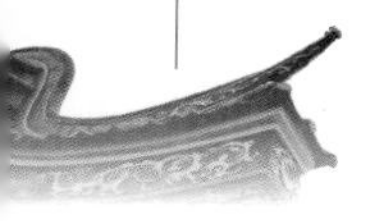

生炒排骨

名菜故事

生炒排骨属粤菜传统菜式，质感酸甜香脆可口，深受人们的喜爱。

烹调方法

炸法

风味特色

色泽鲜红，酸甜可口

技术关键

1. 芡汁以包裹原料为宜，稀稠适中。
2. 碟底略见芡汁。

知识拓展

生炒排骨（又名糖醋排骨）最好选精肋排。

原材料

主副料 排骨250克，鸡蛋1个

料　头 青红椒件20克，蒜蓉5克，葱度5克

调味料 精盐3克，淀粉10克，白砂糖50克，绍酒2克，糖醋100克，食用油800克（耗油50克）

工艺流程

1. 将排骨斩成2厘米的方形排骨块，洗净，沥干水分。
2. 排骨加入精盐拌匀。
3. 排骨上粉先加入淀粉拌匀，再加入鸡蛋液搅拌，然后在表面拍上干淀粉。
4. 用中慢火浸炸排骨至熟透，再升高油温，使排骨表面酥脆，色泽金黄，捞起备用。
5. 炒镬下蒜蓉、青红椒件、糖醋，用淀粉勾芡，放入排骨翻炒至芡匀，加葱度、尾油即可上盘。

蒜香骨

名菜故事

蒜香骨是一道著名的粤菜，蒜香入骨，回味无穷。是很多酒楼食肆的招牌菜。

烹调方法

炸法

风味特色

排骨外焦里嫩，蒜香浓郁，鲜嫩多汁

技术关键

1. 必须抹去表面的蔬菜末，才能下镬炸。
2. 控制好下镬油温。

原材料

主副料 猪肉排600克，蒜蓉150克，胡萝卜50克，洋葱50克，芹菜100克，芫荽75克

调味料 精盐5克，胡椒粉5克，味精2克，鸡精2克，玫瑰露酒、食粉各少许，食用油1500克（耗油50克）

工艺流程

1. 排骨洗净，斩成6厘米长的段。蒜蓉、胡萝卜、洋葱、芹菜、芫荽均剁成末，待用。
2. 排骨沥干水分，放入装蔬菜末的盆中，加入食粉、玫瑰露酒，然后调入精盐、胡椒粉、味精和鸡精，用手抓匀后，放入冰箱中冷藏3~4小时。
3. 炒镬下油烧热，将冷藏后的排骨取出，抹去表面的蔬菜末，入镬中炸至八九成熟捞出，再将排骨下镬复炸至色呈金红，捞出沥油装盘，即成。

知识拓展

肉排的肉层很厚，隔着一层薄油还连了一块五花肉，油脂丰厚，肉质是排骨中最嫩的。

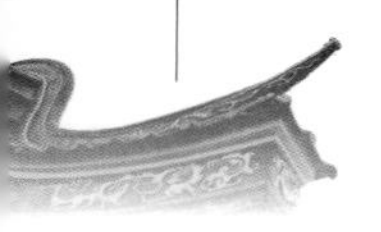

广州文昌鸡

○○ 原材料 ○○

主副料 光鸡1只（约1250克），金华火腿75克，鸡肝250克，上汤200克，郊菜300克，淡二汤2000克

调味料 精盐5克，味精1克，淀粉15克，绍酒0.5克，芡汤25克，熟猪油75克，芝麻油0.5克，食用油20克

名菜故事

广州文昌鸡的“文昌”二字，含义有二：一是首创时选用海南文昌的优质鸡为原料，二是首创此菜的广州酒家地处广州的文昌路口。文昌产的鸡体大，肉厚，但骨较粗硬，以常法烹制，难于尽其特点，20世纪30年代广州酒家名厨匠心独运，把它去骨取肉，用切成大小相等的火腿和鸡肉拼配成形，扬其所长，避其所短，恰到好处，数十年来，文昌鸡已传遍国内外。

烹调方法

浸法

风味特色

肉质滑嫩，香味甚浓，肥而不腻

工艺流程

1 将光鸡洗净，把鸡放入微沸的淡二汤锅内用小火浸约25分钟至刚熟，取出晾凉后，起肉去骨，斜切成“日”字形（5厘米×3厘米×0.5厘米）件。

2 在浸鸡的同时，将鸡肝洗净血污，放人碗中用沸水浸没，加入精盐3.5克，浸至刚熟，取出切成24片，码放好在碗中。将火腿切成与鸡肉一样大小的薄片（5厘米×3厘米×0.15厘米）共24片。

3 将鸡肉片、火腿片、鸡肝片间隔开，再上碟砌成鳞形，连同鸡头、翼、尾摆成鸡的原形。

技术关键

1. 在浸鸡时，将整鸡浸没全身，反复提起5次，倒出腔内的汤水，以保持鸡腔内外温度一致。
2. 在浸鸡肝时，如一次未浸熟，可用沸盐水再浸。
3. 鸡肉与火腿片、鸡肝大小要大小均匀。

4 用熟猪油60克起镬，烹入绍酒，加1.5克精盐，下郊菜炒熟，勾薄芡取起，摆放在鸡的四周。

5 用中火烧热炒镬，下油20克，烹入绍酒5克，加上汤、味精、用淀粉10克调稀勾芡，最后加入芝麻油和熟猪油15克推匀，淋在鸡肉上即成。

知识拓展

浸是指把整件或大件的肉料浸没在热的液体中，令其慢慢受热至熟，上碟后经调味而成一道热菜的烹调方法。而汤浸即将肉料放进微沸的汤水中，用慢火加热至熟的方法。

啫啫鸡

名菜故事

啫（粤语音jue）在粤语中为象声词，是指食材在加热的煲内发出的声音。啫啫煲的烹调方法就是将食材放入加热的煲内，利用煲仔的热能把食材本身的水分逼出来将食材慢慢焗熟。

烹调方法

炒法（生炒法）

风味特色

镬气十足，鸡肉嫩滑

知识拓展

啫啫煲基本选用的是易熟的食材，较常见的有“啫啫鸡”煲、“啫啫黄鳝”煲、“啫啫生肠”煲、“啫啫田鸡”煲。

技术关键

最好选用耐高温的煲。将煲均匀烧热后，加少许油，放几片姜、一些洋葱丝垫底，这样在焗的过程不容易烧焦鸡块。

原材料

主副料 光鸡400克，洋葱30克，湿冬菇30克，红辣椒30克，姜片10克，葱度15克，炸蒜子20克

调味料 精盐2克，味精3克，白砂糖3克，绍酒10克，蚝油8克，老抽5克，胡椒粉0.5克，芝麻油1克，淀粉20克，食用油20克

工艺流程

1. 将光鸡斩块后加入调味料拌匀腌制10分钟。
2. 干烧砂锅至有烟冒出，加入食用油，放姜片、炸蒜子、红辣椒片、洋葱片、湿冬菇爆香，放入鸡块稍微炒一下，让鸡块裹上油，然后尽量铺开着放，煲仔炉开中大火加砂锅盖焖5分钟。
3. 揭开锅盖加入葱度、芝麻油、胡椒粉加盖小火焗2分钟即可。

吕田焖大肉

名菜故事

提起吕田焖大肉，要追溯到几千年前。吕田是岭南人的发祥地之一，出土了不少新石器时代的文物。古人类用的是石器，切肉当然是大块。吕田的“土著”民风淳朴，之后迁来的客家人热情好客，所以肉也切得大大方方，保持新石器时代的遗风。

烹调方法

焖法

风味特色

色泽红亮，肥而不腻，入口酥软即化，香气四溢

知识拓展

原材料取吕田本地猪的五花腩肉，多是用按照传统方法养大的不喂饲料的本地猪做的，肉质鲜嫩，特别松化饱满，肉味特别浓郁。

主副料 五花肉400克，豆角干200克

料　头 姜片2克

调味料 精盐5克，味精3克，白砂糖5克，米酒10克，生抽10克，蚝油10克，八角2颗，香叶1片，食用油10克

工艺流程

1 洗净五花肉飞水后，切成2~3厘米的块状。

2 炒镬加热，下油，放入糖加热，待糖完全融化并在其边缘冒出细小的气泡时，倒入煮好的猪肉，上糖色。

3 炒好的肉块下姜片、八角、香叶略炒，加入米酒、精盐、生抽，炒至酱红色加水。

4 用旺火烧开后，撇去浮沫。

5 豆角干洗净放入瓦钵内，将烧开的肉块倒入，上蒸笼炖至酥软即可。

技术关键

1. 五花肉的选料很重要。
2. 糖可稍微多一点，最好用冰糖。
3. 给猪肉上糖色时，一定要充分煸炒。

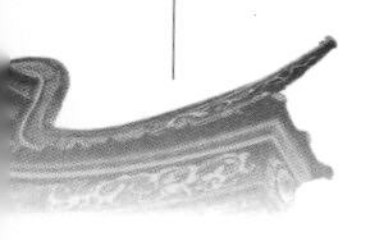

椒丝腐乳炒通菜

名菜故事

椒丝腐乳炒通菜是一款经典的大众粤菜，在广东大小餐饮店普遍能吃到。别小看这普普通通家常小炒，要做得好吃色嫩也并不是简单的事情，秘诀在于一定要大火快炒，才能保持其水分及颜色。

烹调方法

炒法（清炒法）

风味特色

腐乳味香浓，通菜爽口脆嫩，镬气足

知识拓展

通菜又称空心菜，有旱地及水地生长的品种，是南方夏秋季的重要蔬菜之一。通菜春季初出时嫩滑可口，爽脆。此菜也可以将腐乳换成虾酱，加点姜丝，炒制出来非常惹味。

主副料 通菜500克

料　头 蒜蓉3克，青椒丝5克，红椒丝5克

调味料 精盐5克，鸡精1克，鸡油15克，腐乳15克，食用油5克

工艺流程

1. 通菜整理洗净。
2. 腐乳捣烂。
3. 猛火烧开水，加3克精盐及适当的食用油，把通菜快速飞水，捞起，沥干水分备用。
4. 烧热油镬，放入鸡油、青红椒丝和腐乳炒均匀，加入通菜猛火快速炒均匀，加精盐、鸡精调味，炒匀，包尾油，倒进笊篱控净多余的汁水，装盘。

技术关键

1. 炒通菜火要猛。
2. 腐乳有咸味，要减少下盐量。

香煎慈姑饼

名菜故事

秋风起是慈姑当造的时候，所以广东人过年前后总少不了慈姑作馔。慈姑在广东人看来代表男丁，是个好彩头寓意着添丁发财，慈姑食法多种多样，而将慈姑磨成蓉再香煎成饼在番禺则是一个很传统的做法。

烹调方法

煎法

风味特色

味道鲜美，滋味甘香，质感外酥香，内软嫩

知识拓展

香煎慈姑饼和藕饼有异曲同工之妙，水生蔬菜中的茭白、莲藕、水芹、慈姑、荸荠（马蹄）、芡实、菱角和莼菜，就是人们俗称的“水八仙”。

原材料

主副料 慈姑500克，荠菜50克，鱼蓉100克，虾米20克，腊肉20克

调味料 精盐3克，味精1克，白砂糖2克，胡椒粉1克，蚝油5克，食用油30克

工艺流程

1. 将慈姑去皮洗净磨成蓉。
2. 荠菜、虾米、腊肉分别切成米粒状。
3. 将慈姑蓉、鱼蓉、荠菜粒、虾米、腊肉粒一同用盆盛起，加入精盐、味精、白砂糖、蚝油、胡椒粉搅匀，成为饼料。
4. 把饼料捏成20克一份的球状。
5. 猛火烧镬，下油，球状慈姑饼料排放好，压扁，煎至两面金黄上碟便成。

技术关键

1. 煎时要慢火煎。
2. 慈姑饼需大小均匀。

（二）东莞风味菜

石排煮大鱼

名菜故事

石排镇位于东莞，水产以河鱼、塘鱼为主，以鱼作为主料的美食层出不穷。煮大鱼在石排饮食文化中占据重要地位，是石排人心中的传统美食，几乎家家户户都会做。

烹调方法

煮法

风味特色

味道咸鲜带甜，色泽浅酱色，鱼质细嫩，鱼肉鲜美

知识拓展

最好选用2500克左右的水库鱼，肉质细腻嫩滑，味道鲜美，大小适中。

原材料

主副料 鳙鱼1200克

料　头 蒜蓉25克，葱白度20克，姜片、葱度约30克

调味料 精盐25克，白砂糖5克，味精3克，生抽35克，米酒5克，白胡椒碎2克，花生油75克

工艺流程

1 鳙鱼宰杀好，冲洗干净后，沿着脊骨开成硬边、软边两部分，软边直接斩成大块，硬边切一刀吞刀、一刀切断，便于入味成熟，鱼块规格均为6厘米×12厘米。

2 鱼块冲洗干净后，将精盐、白砂糖、味精、生抽、白胡椒碎混合均匀，加入鱼块拌匀。

3 滑镬爆香姜片、蒜蓉，然后下鱼块，将鱼皮朝上，煎至鱼肉略上色，加入少量水，中小火加盖煮5~8分钟，后下葱白度、米酒，收汁至少许略稠，加入葱度，即可出镬装盘。

技术关键

1. 要爆香料头以去除鱼肉腥味。
2. 煮时火候要适中，适当调整镬的受热位置，煮至鱼肉仅熟为佳。
3. 入镬时要将鱼皮朝上放入，不要翻炒，鱼块完整，要保证出品不碎不烂不脱皮。

虎门蟹饼

名菜故事

虎门靠海，因此海鲜出名，虎门蟹饼便是其中一款用海鲜作主料的地道美食。该菜是选用虎门盛产的青蟹，个大肉肥。在做法上，不同于任何一种蟹的做法。据说这种方法是在简朴的生活条件下产生的，一只蟹吃不饱，加上鸡蛋、肉等常见的东西，调到一起，味道又好，全家又能都吃饱。

烹调方法

蒸法

风味特色

蟹新鲜，鸡蛋嫩滑，猪肉肥美，吃起来蟹鲜味十足

技术关键

1. 猪腩肉不宜剁成肉胶，要有颗粒状为佳，能增加质感。
2. 蒸制的时候需要注意把握好时间。

知识拓展

吃螃蟹最好是煮好之后马上吃掉。

原材料

主副料 膏蟹1只（600克左右），猪腩肉400克，鸡蛋黄1个

料　头 蒜蓉10克，葱白花5克

调味料 精盐5克，白砂糖1克，鸡粉2克，芝麻油3克，蚝油6克，淀粉3克，生抽5克，胡椒粉2克，花生油5克，九层塔25克

工艺流程

1 膏蟹掀开蟹盖，取断蟹钳，去腮，蟹黄集中处理。蟹钳拍裂，斩去蟹脚尖，对半斩断，用蟹刷刷干净蟹身、蟹脚，修整蟹盖。

2 猪腩肉去皮，双刀剁成黄豆粒大小，加入精盐3克、白砂糖1克、鸡粉2克、胡椒粉2克搅打上劲制成肉胶。九层塔取叶子剁碎。

3 鸡蛋黄加入蟹黄中，加少许绍酒，放入搅拌器搅成汁，分次加入肉胶中，搅拌均匀，加入生抽5克、芝麻油3克、蚝油3克、淀粉3克，蒜蓉、葱白花、九层塔碎适量。

4 蟹肉和蟹盖上蒸笼蒸5分钟，蟹黄汁水加入肉胶，搅拌均匀。

5 肉胶加入钵中垫底，铺上蟹肉蟹钳，上层再用肉胶封面，最后盖上蟹盖，震实排气后，蒸22分钟。

6 整钵用小火烤5分钟烧干水分，底部干香即成。

鲤鱼炊糯米饭

名菜故事

素以肉质鲜嫩、营养丰富的“稻底鲤鱼”，加上清香扑鼻、润滑可口的土糯米炊制，鱼肉味道完全渗透到糯米之中，糯米回味悠长的清香融入鲜嫩的鱼肉中，形成松软细嫩，鲜醇清香、爽口不腻的独特风味，在东莞水乡久负盛名。

烹调方法

蒸法

风味特色

香味浓郁，色泽油亮

技术关键

1. 糯米一定要事先用凉水浸泡，避免蒸好的糯米不熟。
2. 蒸制的时候一定要等水煮沸才可以加盖计时。

原材料

主副料　鲤鱼750克，糯米350克，腊肠100克，腊肉100克，金针30克，红枣20克

料　头　姜丝10克，葱花5克

调味料　精盐15克，味精5克，生抽20克，食用油50克

工艺流程

1 糯米浸泡30分钟，沥干水分，放精盐和适量食用油搅拌均匀，倒入蒸锅加入适量清水备用。

2 鲤鱼处理干净之后用精盐将鱼身涂抹均匀并将鱼卵留起来冲洗干净备用。

3 将蒸盖架在糯米饭上面，放上鲤鱼，加盖，大火蒸制15分钟。

4 把镬烧热，加入适量的油，加热后将切碎的腊肉、腊肠、金针、红枣放入镬中翻炒，再放入精盐、味精调味，炒熟后装盘备用。

5 将蒸好的鲤鱼取出把鱼肉跟鱼身分离挑出鱼骨；糯米饭用筷子打松加入鱼肉，再加入炒好的配料，加入葱花、姜丝、生抽搅拌均匀装盘即可。

万江鲜支竹蒸麻虾

名菜故事

支竹也叫腐竹，是广东东莞人很喜爱的一种传统食品，具有浓郁的豆香味，同时还有着其他豆制品所不具备的独特质感。

烹调方法

蒸法

风味特色

支竹豆香味浓郁，滋味鲜咸略带甜味，麻虾肉质爽脆，鲜甜适口

知识拓展

麻虾，形似弯月，细长匀称，大者如食指，有透明感，呈褐色而名。

原材料

主副料 鲜支竹400克，麻虾150克

料　头 葱花5克

调味料 精盐3克，蚝油5克，白砂糖2克，生抽5克，芝麻油3克，寮步面豉酱40克

工艺流程

1. 鲜支竹切成7厘米长的段。虾去头刺，从头部开半至尾部，尾部相连，洗净备用。
2. 寮步面豉酱剁碎，加入支竹及蚝油5克、生抽5克、芝麻油3克、精盐3克、白砂糖2克拌均匀，虾与支竹腌制的味型相同。
3. 鲜支竹平铺垫底，虾尾朝上一列排在上面成“人”字形，上笼蒸5分钟，撒上葱花，淋热油即可。

技术关键

1. 支竹最好选用鲜支竹，质感滋味更佳。
2. 蒸制的时间不宜过长，否则影响虾的质感和滋味。

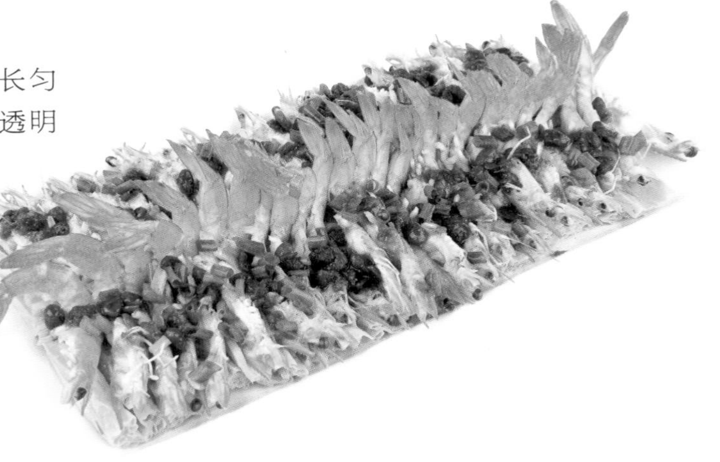

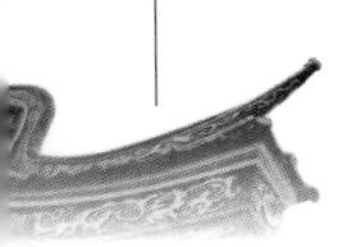

古梅虾丸

◦○原 材 料○◦

主副料 鲜河虾500克，菜心150克，鸡蛋1个

料　头 葱白5克

调味料 精盐6克，味精5克，白砂糖5克，绍酒2克，胡椒粉3克，芝麻油5克，淀粉5克，食用油50克

工艺流程

1 河虾冷冻10小时，去壳、去虾线，吸干水分。

2 锤烂虾肉，用力均匀，锤至泥状。

3 下精盐、胡椒粉、淀粉、味精、鸡蛋白、芝麻油，搅拌上劲，冷藏12小时。

4 冷藏后取出，装一盘热水，把虾胶挤成丸子，放进热水中。

5 镬中加水，下油，加热煮沸，放入菜心，熟后即可捞出备用。

6 镬中下鸡汤，加热后下虾丸，汤水不能大滚，煮至成熟，调味，出镬装盘，下菜心，下葱白即可。

名菜故事

古梅虾丸以地名来命名，流传到今已第四代传人。虾丸取材于麻涌当地盛产的新鲜河虾，古法制作，入口爽弹。

烹调方法

煮法

风味特色

汤鲜，虾丸入口爽脆嫩弹

技术关键

挤虾丸时勺子可以加点油，防止虾胶粘勺。

知识拓展

河虾是优质的淡水虾类。

萝卜焖冼沙鱼丸

名菜故事

冼沙鱼丸是广东东莞的特色传统名肴，地道的东莞水乡菜。尤其以高埗镇冼沙村的鱼丸最为出名，也就是冼沙鱼丸。冼沙鱼丸所取的鱼必须是新鲜的鲮鱼，而且鱼塘中不能养鸭鹅，以保持的鱼肉味道的纯净。

烹调方法

焖法

风味特色

鱼丸爽弹有劲道，萝卜腍软，鲜咸甜适口，有滋有味

技术关键

1. 焖制时要用小火焖，不可急于求成。
2. 芡汁以紧为佳。

原材料

主副料 冼沙鱼丸300克，萝卜300克

料　头 蒜子10克，姜角10克，葱白度5克，短葱条20克，红葱头5克

调味料 精盐5克，鸡粉5克，白砂糖3克，蚝油5克，芝麻油3克，食用油25克

工艺流程

1. 萝卜去皮，切成7厘米×2.5厘米×0.5厘米规格的片。
2. 起镬烧水，下绍酒，下鱼丸飞水捞出。
3. 滑镬爆香红葱头、蒜子、姜角、葱白度，下萝卜片煸炒，加水没过萝卜，大火烧开，加入精盐5克、鸡粉5克、白砂糖3克、蚝油5克，小火加盖焖10分钟，下鱼丸再焖5分钟，勾芡，加入葱度，包尾油即成。

知识拓展

2010年4月，东莞市政府将高埗镇冼沙村“冼沙鱼丸”批准列入第二批市级非物质文化遗产名录。

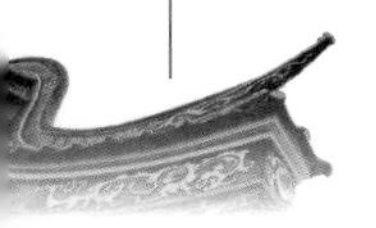

长安煎虾饼

主副料 麻虾500克，猪腩肉100克，鸡蛋1个

料 头 姜丝2克

调味料 精盐5克，白砂糖5克，生抽5克，汾酒5克，胡椒粉2克，芝麻油2克，食用油15克，薄荷叶2克，红枣5克

名菜故事

麻虾，是一种生长于长江流域的野生淡水小虾，多见于没有淤泥没有污染的河流内，因其体表长有许多麻点，故得名。

烹调方法

煎法

风味特色

虾肉的质感爽脆、味道鲜甜

知识拓展

虾不宜与某些水果同吃，如葡萄、石榴、山楂、柿子等。

工艺流程

1 活的麻虾，直接剥肉；新鲜的猪腩肉切粒。

2 加入鸡蛋和薄荷叶后，一起搅碎、拌匀，调味。

3 做成饼状再煎香，煎至饼的两面均呈金黄色即可。

技术关键

煎是用微火、少油把主料两面煎黄并使之成熟的方法，它不同于使用旺火多油的炸类，成品不焦、不脆，而是呈现酥、软的质感。

寮步面豉蒸鱼嘴

名菜故事

寮步面豉酱是具有百年品牌的特色食品，保持手工制作、天然生晒、原质原味特色。寮步豆酱和寮步面豉分别在2010年和2017年入选东莞“非物质文化遗产”名录产品。2011年入选“舌尖上的东莞”名录产品。2016年7月被评选为首界东莞旅游商品评选活动金奖产品。

烹调方法

蒸法

风味特色

鱼嘴切块，面豉汁有浓郁的豆香味，肉色鲜明有光泽，吃起来嫩滑可口

知识拓展

东莞寮步面豉酱对水产类原料有提鲜作用。

原材料

主副料 淡水鱼鱼嘴500克

料　头 蒜片5克，姜丝3克，指天椒粒5克，葱花5克

调味料 精盐10克，白砂糖3克，蚝油5克，蒸鱼豉油6克，寮步面豉酱20克，淀粉5克，花生油50克

工艺流程

1. 鱼嘴洗干净沥干水分，用5克精盐拌匀腌制10分钟。
2. 加入蒜片、姜丝、指天椒粒、少许花生油、淀粉、蚝油、蒸鱼豉油、寮步面豉酱，接着加入少许白砂糖提味，再加入少许水，拌均匀使每一块鱼嘴都粘上调味料。
3. 鱼嘴放入蒸柜蒸8~10分钟揭盖，淋180℃热花生油15克，撒葱花即可。

技术关键

蒸制的时间要刚刚好，不宜过久，时间过长的话会影响鱼肉的嫩度。

虎门蜜汁烤鳗鱼

名菜故事

鳗鱼含有丰富的蛋白质、维生素A、维生素D、维生素E、矿物质以及不饱和脂肪酸，能提供人类生长、维持生命所需的营养成分，并提供人体每日所需的维生素群。

烹调方法

烘法

风味特色

原色金红、香气诱人

技术关键

炉温要控制好，要注意时间的控制。

知识拓展

烹调方法——烘是将加工处理好或腌渍入味的原料置于烤具内部，用明火、暗火等产生的热辐射进行加热的技法总称。原料经烘制后，表层水分散发，使原料产生松脆及焦香的效果。

原材料

主副料 海鳗鱼1条

料　头 姜丝2克

调味料 白砂糖5克，鸡精2克，生抽20克，老抽2克，绍酒5克，蒜粉5克，胡椒粉2克，蜂蜜10克，红糖10克，白芝麻10克

工艺流程

1. 海鳗破肚去内脏洗净，切成段，取出中间的鱼骨。
2. 大碗里放入姜丝、白砂糖、生抽、老抽、绍酒、蒜粉、胡椒粉、鸡精调好味，把去骨的鱼块放里面腌制几个小时或更长时间。
3. 把腌制好的鳗鱼放在铺了锡纸的烘盘上，放入预热220℃的烘箱，加热10分钟。
4. 取出再刷一遍腌料，再放进烘箱5分钟。
5. 用红糖和蜂蜜调好蜜汁，在鱼片两面再刷一遍，撒上白芝麻，放进烘箱再烘5分钟即可。

雌雄醉香丸

名菜故事

雌雄醉香丸又名姜水鸡子，是东莞妇女坐月子的必吃汤菜，具有去湿祛风，强腰健骨的功效。

烹调方法

滚法

风味特色

汤汁浓稠，汤色浅黄，姜辣突出，味道咸鲜甜，鸡子滑嫩仅熟

知识拓展

选用新鲜鸡子、小黄姜、陈酿糯米酒糟，风味更佳。

原材料

主副料 光鸡250克，鸡子100克，姜200克，鸡蛋1只，猪瘦肉20克，猪肝20克

调味料 精盐5克，味精3克，鸡精3克，白砂糖10克，糯米酒糟150克，米酒15克，食用油25克

工艺流程

1 光鸡斩成小块；姜带皮拍扁，用刀背剁碎后挤出姜汁；猪瘦肉、猪肝切成片备用。

2 鸡蛋煎荷包蛋，鸡块炒干香，备用。

3 用白镬（干净镬不下油）炒干炒香姜蓉，后下食用油和鸡块，下米酒炒香后，分次加入1000克水，开大火保持汤汁沸腾。

4 大火滚10分钟，加入糯米酒糟、猪肝、猪瘦肉、荷包蛋再滚10分钟，下姜汁，鸡子略滚，撇去浮在上层的姜渣即可出镬。

技术关键

1. 鸡、姜要炒至干香，炒制时注意控制火力。
2. 滚汤过程中，汤汁要一直保持大滚的状态。

石龙奇香鸡

名菜故事

1987年的全运会举重项目在石龙隆重举行，举重运动员何灼强打破世界纪录后一尝“豆皮鸡”，这则新闻传开后，便使“豆皮鸡”一夜成名。后来由于各种原因，豆皮鸡的制作方法失传，而当时人们误以为隔壁的“奇香鸡”便是豆皮鸡，久而久之，便成为豆皮鸡的化身，大家现在吃到的所谓“豆皮鸡”实为“奇香鸡”。

烹调方法

浸法

风味特色

鸡肉鲜香嫩滑

原材料

主副料 光鸡1只（约重900克）

料　头 葱条70克

调味料 精盐5克，沙姜粉3克，盐焗鸡粉5克，芝麻油8克，花生油100克

工艺流程

1. 光鸡放入90℃左右微沸的水中，每隔7分钟将鸡吊高，让鸡肚的水流出，再放回沸水中，反复数次，浸制20分钟左右至鸡肉仅熟。
2. 鸡捞出过冷水，再放入冰水中浸泡10分钟。
3. 葱切成葱丝备用，另将花生油100克加入精盐5克、沙姜粉3克、盐焗鸡粉5克、芝麻油8克混合均匀调成酱汁。
4. 将鸡斩块、摆形，将葱丝铺摆在鸡肉上面，淋上调好的酱汁即可。

技术关键

鸡要先过冷水漂干油脂后，再放入冰水中浸泡。

知识拓展

选用走地鸡（小母雏鸡），皮薄脂少最佳。

客家碌鹅

名菜故事

碌鹅是一道色香味俱全的传统名肴，属于粤菜系。此菜是不折不扣的东莞山乡菜。首先，“碌”这个字就是土生的东莞话，外人不明其意，听到“碌鹅”还以为是“卤鹅”，实际“碌”是煮的意思。

烹调方法

碌法

风味特色

香味浓郁，色泽油亮，肉质鲜嫩可口，酱汁咸鲜美味

技术关键

1. 封口的时候一定要封好，避免鹅肚里面的酱汁流出来。
2. 炸制鹅肉时一定要控制好油温并且适量的翻动使鹅肉均匀上色，还要控制好时间和油温防止炸焦。
3. 碌制的过程中一定要每隔10分钟翻动一次鹅身防止粘镬煳底。

原材料

主副料 光鹅1只，清水2000克

料　头 金针5克，红枣5克，蒜蓉5克

调味料 精盐12克，白砂糖5克，生抽55克，老抽30克，蜂蜜30克，八角粉3克，南乳半块，芝麻油15克，食用油2500克（耗油100克）

工艺流程

1. 精盐5克、金针5克、红枣5克、蒜蓉5克、白砂糖5克、芝麻油15克、南乳半块、八角粉3克、生抽25克，调成酱汁倒入鹅肚后用鹅针封口。
2. 将封完口的鹅在表皮上均匀地抹上蜂蜜30克、老抽30克上色。
3. 把镬烧热加入2500克的食用油加热，鹅放进去炸制10分钟左右至鹅肉表面金黄捞出。
4. 将炸好的鹅捞起后另取一个锅，放入大概2000克清水烧开，往水中加入生抽30克、精盐7克，将鹅放入水中焖煮约1小时，每10分钟翻动一次鹅身至水干之后将鹅捞出。
5. 将煮好的鹅拔掉鹅针倒出里面的酱汁之后将鹅斩件装盘，均匀淋上酱汁。

石龙和珍腊味饭

名菜故事

石龙腊味风味独特，食材颜色鲜艳，并有爽脆、香醇、咸味均匀、美味可口等特点，是广东腊味中的上品。而石龙人在做腊味饭上也有独到的心得，用丝苗米与原条腊味同烹，米饭吸收了腊味的鲜香味和油脂味，两者相得益彰、完美结合。

烹调方法

煲法

风味特色

带有浓郁的腊味香味，使人齿颊留香

原材料

主副料 和珍腊肠1条，和珍腊肉1条，丝苗米150克

料　头 葱花3克

调味料 精盐2克，生抽5克，花生油10克

工艺流程

1 丝苗米洗净，放入瓦锅中，加入少许精盐、适量水（以浸过米少许为准），用大火煲沸至水干后。

2 腊味用热水洗净，下入锅中，转小火，加盖，并用湿毛巾封住边缘缝隙，煲15~20分钟，关火出锅。

3 已经煲熟的原条腊肠、腊肉切成小块，放回锅中，加入少许生抽，淋上热花生油，加入葱花，搅拌均匀即可。

技术关键

1. 水量要适当，用大火煲沸后转小火，控制好火候。
2. 用湿毛巾封住瓦锅边缘缝隙，使腊味的香味更好地保留在米饭中。

知识拓展

腊味原条煲，可以使米饭带有腊味风味的同时，自身仍能保留较多的风味，质感更佳。

沙田莲藕煲龙骨

名菜故事

沙田莲藕味道甘美，爽口脆滑。沙田莲藕在很多地方已经深入人心，很多人买莲藕时都指定要买“沙田莲藕”。

烹调方法

煲法

风味特色

汤汁清澈见底，香气宜人，味道鲜美

知识拓展

莲藕切开后会被氧化，可以用水浸泡的方法，将莲藕与空气隔绝，可以防止藕片变色。另外，削皮后的苹果、土豆等发生的颜色变化原理同上。

原材料

主副料 猪龙骨800克，莲藕500克，薏米20克，红枣2粒，枸杞子15粒

料　头 姜片20克

调味料 精盐6克，绍酒5克

工艺流程

1. 猪龙骨斩成大块洗净，用清水与绍酒浸泡15分钟，飞水备用。
2. 莲藕去皮，滚刀切块，薏米提前浸泡1小时，枸杞子、红枣洗净。红枣去核。
3. 砂锅中放足量的水，水烧开后下猪龙骨。
4. 待水再次烧滚，大火持续煮15分钟，撇净汤面的浮沫。
5. 下薏米、姜片、红枣、枸杞子与莲藕。
6. 烧开后转小火煲3.5个小时，加精盐再继续煮20分钟即可。

技术关键

1. 水要一次加足，不可中途续水，不然汤会腥。
2. 食用莲藕要挑选外皮呈黄褐色、肉肥厚且白的。如果发黑，有异味，则不宜食用。

桥头粉葛焖腩肉

名菜故事

东莞桥头著名传统特色菜，本地喜宴必备，至今已有400多年历史。选用桥头粉葛，搭配新鲜土猪腩肉烹饪而成。制作时蒸汽不断进入食材，油脂挥发，浓缩成馥郁鲜香的味道。

烹调方法

焖法

风味特色

有滋有味，粉葛质感粉糯，五花肉肥而不腻，香酥爽滑，咸鲜甜协调

技术关键

1. 五花肉炸至表皮金黄，硬身，肉质爽嫩。
2. 粉葛要焖够火候，质感才能呈现粉糯效果。

知识拓展

冬天的桥头粉葛淀粉含量更足，更粉糯。

原材料

主副料 粉葛400克，五花肉200克

料　头 蒜蓉10克，姜米10克，葱度10克，蒜苗段10克

调味料 精盐10克，白砂糖40克，黄片糖50克，鸡粉5克，生抽10克，蚝油10克，绍酒5克，米酒35克，胡椒粉5克，南乳50克，花生油10克

工艺流程

1. 粉葛去皮，切成大条状，沸水入镬，加精盐，加盖中小火焖10分钟至粉葛熟透，捞出切成5厘米×5厘米×1厘米的厚块。
2. 五花肉整块带皮下锅，温水入镬，加精盐，加盖用中小火焖30分钟至五花肉皮酥烂捞出。
3. 用精盐5克、米酒20克、生抽10克调成味料，均匀地抹在五花肉的皮上。
4. 滑镬，下油烧热，下五花肉炸至硬身，皮色金黄后捞出晾凉。
5. 炸好的五花肉切成5厘米×5厘米×1.2厘米的厚块，下米酒20克、白砂糖40克、花生油10克、姜米10克、蚝油10克、胡椒粉5克、鸡粉5克、绍酒5克混合均匀。
6. 烧镬下油，下姜米、蒜蓉、蒜苗爆香后，下粉葛，加水刚好没过粉葛，下黄片糖、南乳，加盖焖制15分钟后，下五花肉，再焖5分钟，下葱度10克，下包尾油即可出镬。

保安围扣肉

名菜故事

客家的梅菜扣肉相信不少人都吃过，东莞也有自己特色的扣肉，那就是高埗的保安围扣肉，与梅菜扣肉不同，保安围扣肉是甜的。保安围扣肉具有甜而不腻、味道醇香、入口即化的特点。

烹调方法

蒸法

风味特色

香味浓郁，色泽金黄

技术关键

1. 五花肉飞水的过程中要冷水下镬，并注意加热时间。
2. 炸五花肉、芋头的时候油温和时间要控制好，避免炸焦及炸不透等。

主副料 五花肉400克，芋头500克

料　头 葱白碎10克，姜米20克，蒜蓉20克

调味料 精盐3克，白砂糖5克，黄片糖100克，鸡粉5克，生抽5克，蚝油5克，五香粉5克，米酒5克，芝麻油5克，南乳2块，食用油1200克（耗油100克），花生油20克

工艺流程

1 五花肉洗净备用，飞水后过凉水，用钢针在猪肉表皮扎孔；芋头切成7厘米×4厘米×1厘米的块，炸至硬身，备用。

2 原镬加热，将五花肉猪皮朝下放入镬中浸炸大概20分钟，至肉色金黄色，捞出放入凉水中浸泡备用。

3 炸好的五花肉切成7厘米×4厘米×1厘米的片并皮朝下，在每一片中间夹入炸好的芋头，摆砌在码兜内。

4 把镬烧热倒入适量花生油，下姜米、蒜蓉爆香，再下压碎的南乳炒匀，下适量清水最后放入黄片糖调制成味汁后将味汁淋在芋头、猪肉上面并用盘子盖住蒸40分钟左右后取出，倒扣在盘子上即成。

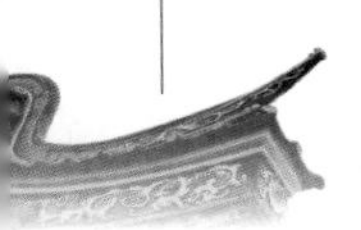

高埗头菜斩猪肉

名菜故事

东莞人种植、腌制、食用头菜的习惯有着悠久的历史，其中以石碣、高埗的腌制头菜最为有名。

烹调方法

蒸法

风味特色

形状不裂，不松散，美观完整，肉质清爽有光泽，质感不霉烂，味道鲜甜

知识拓展

在广东，精盐腌或晒干制品通常被认为具有清热去燥的功效，比如精盐渍柠檬、菜干、萝卜干等等。头菜通常与肉类并煮，开胃解腻、增进食欲。

主副料 高埗头菜100克，五花肉300克

料　头 葱花10克，短葱榄10克

调味料 精盐3克，白砂糖2克，鸡粉3克，生抽5克，蚝油5克，淀粉5克，芝麻油3克，花生油15克

工艺流程

1 高埗头菜洗干净，头菜去皮，全部切成0.6厘米中丁。五花肉剁成黄豆粒大小。

2 五花肉中加入头菜，下精盐、鸡粉、白砂糖、生抽、蚝油、芝麻油、淀粉，搅打起劲，加入短葱榄搅拌均匀，加入花生油5克。

3 在浅圆碟中压成厚1厘米的大圆饼状，上笼中火蒸8分钟，取出撒上葱花。

4 淋上热花生油即成。

技术关键

1. 猪上肉不宜剁成肉泥，要有颗粒状为佳，能加强质感效果。
2. 蒸熟之后要淋热油才能将肉香味带出。

章姨卤猪肚

名菜故事

东莞麻涌章姨，自小跟随父亲学厨，由于有一次参加了当地的一个烹饪比赛，凭借这一道卤猪肚获得第一名，从而一举成名。此后附近的人纷纷慕名前去品尝这道美食。

烹调方法

焖法

风味特色

猪肚爽脆嫩滑，味道鲜美，成芡均匀油亮，色泽鲜艳，不泻油，不泻芡

技术关键

1. 猪肚要清理干净，彻底去除异味。
2. 焖制过程要注意防止粘镬。
3. 焖制过程中用筷子刺穿猪肚，加快入味。

知识拓展

这款卤猪肚的卤汁与潮式、广式卤水有所区别，本菜肴卤汁不添加任何香叶、桂皮等香料。

原材料

主副料 猪肚1个（约600克）

料　头 姜片20克，葱度20克

调味料 精盐6克，味精3克，冰糖10克，蚝油5克，生抽5克，高度米酒50克，芝麻油1克，花生油10克

工艺流程

1. 猪肚反复搓洗，飞水后滤干待用。
2. 把镬加热后，加入少许花生油，放入猪肚两面煎至金黄色。
3. 加入姜片、葱度，继续煎至猪肚干身。
4. 猪肚干身后加入生抽，翻炒上色，加入高度米酒炒香。
5. 加入汤水后煮沸，转中小火焖制40~50分钟，过程中要注意翻炒，防止粘镬。
6. 出镬前10分钟加入精盐、冰糖、味精、蚝油，转大火收汁至浓稠，最后加入芝麻油后出镬。
7. 猪肚放凉后切条，最后淋上原汁即可。

东城碌大肠

名菜故事

由于猪大肠通常略带异味，东莞人喜欢用碌的方式烹制，去除和掩盖异味道。

烹调方法

碌法

风味特色

猪大肠酥软易嚼，无异味，鲜咸适口，色泽大红，汁水浓稠，芳香馥郁

技术关键

1. 料头，香料要爆香，猪大肠要清洗干净无异味。
2. 碌制的火候要掌握好，碌制期间偶尔翻动一下，防止粘镬。

主副料　猪大肠500克

料　头　干葱头片30克，蒜子40克，葱条50克，姜片80克，葱花10克

调味料　精盐10克，黄片糖碎70克，胡椒粉3克，鸡粉10克，蚝油20克，鲍汁30克，绍酒150克，食用油100克，香叶3克，八角3克，丁香3克，八角3克，干沙姜3克，桂皮3克，九层塔叶5克

工艺流程

1 猪大肠清洗干净。

2 滑镬，下油炸香姜片、蒜子、干葱头，葱条，下黄片糖碎，下香叶、八角、丁香、干沙姜、桂皮，下猪大肠，烹入绍酒，加水浸过猪大肠，调入精盐、胡椒粉、鸡粉、鲍汁、蚝油，烧开后转小火加盖煲35分钟，期间偶尔翻炒防止粘镬。

3 将煲好的猪大肠捞出，切成2厘米长的段。

4 滑镬爆香葱度、九层塔叶，下猪大肠，煸炒收汁出镬，撒少许葱花即成。

大朗榄酱炒饭

名菜故事

大朗榄酱炒饭是一款大朗镇的民间美食，用干爽的米饭加上鲜香的榄酱，配以榄仁与豆角仁，大火速成。

烹调方法

炒法

风味特色

饭粒榄香十足，榄仁香脆

技术关键

1. 应选用淀粉少、不粘连、颗粒均匀的米饭。
2. 炒制时应控制火力，米饭要炒制干爽。

知识拓展

较早以前东莞大朗松柏朗村盛产高品质的乌榄，而制作大朗榄酱炒饭所用的榄酱正是由乌榄制成。

原材料

主副料 冷米饭300克，豆角粒150克，大朗榄酱50克，榄仁50克，鸡蛋2个

调味料 精盐6克，白砂糖5克，味精5克，绍酒2克，胡椒粉3克，芝麻油5克，淀粉5克，食用油50克

工艺流程

1. 取干爽颗粒分明的冷米饭，置于盘中备用。
2. 榄仁炸好，豆角切粒，镬中取少许食用油，放入豆角，加少许精盐爆香。
3. 米饭加入到镬中，翻炒约3分钟，至米饭分散。
4. 加入两勺榄酱，炒匀，加入打好的蛋液，翻炒直至米饭受热均匀在镬里跳动。
5. 装盘前撒入榄仁，成菜出镬。

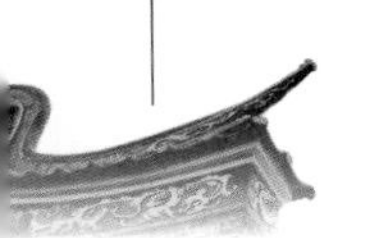

（三）佛山风味菜

乐从鱼腐

名菜故事

鱼腐是顺德地方传统名食之一，以乐从镇制作技艺最为精湛，故称“乐从鱼腐”。它以色泽金黄、味道鲜美、幼滑甘香、诱人食欲而享有盛誉。在乐从，摆酒设宴，席上几乎必有鱼腐。鱼腐是不少顺德名菜中的主角。例如用它制作的“冬菇扒鱼腐”“上汤韭黄鱼腐窝”“生菜胆扒鱼腐”等，都是席上佳肴。

烹调方法

炸法

风味特色

软滑、味鲜可口，色泽明亮

知识拓展

1. 鱼腐制作好后可汤、可扒、可羹。
2. 鱼骨上的肉称为鱼青，鱼骨下至红肉处的肉称为鱼肉。

原材料

主副料 去皮鲮鱼肉500克，鸡蛋6只，清水250克

调味料 精盐10克，淀粉75克，食用油1500克（耗油100克）

工艺流程

1. 鲮鱼肉放在砧板上，从尾部逆向用刀刮出鱼蓉，用刀剁至极细蓉，有光泽。
2. 用水加淀粉拌匀，鸡蛋去壳，放在碗内打散。
3. 把精盐放入鱼蓉后挞至起胶，再将淀粉水分多次加入，边加入边挞匀，用同样方式加入蛋液拌匀。
4. 烧镬下油，用汤匙舀料下油镬，以慢火浸炸至熟，捞起沥油。

技术关键

1. 用刀刮鱼肉时，刮至红肉处即可，以免影响鱼腐颜色。
2. 用刀剁必须剁至成蓉，不能带有骨丝。
3. 加入淀粉水后必须要充分拌匀。
4. 炸时要掌握好油温，油温为160℃。

大良煎虾饼

名菜故事

“大良煎虾饼”是顺德一款传统名菜，制作简单而营养丰富，鲜香甘美，影响深远，省内许多大酒店都把此菜列入菜谱。

烹调方法

煎法

风味特色

味鲜香，肉爽脆，颜色金黄

技术关键

1. 使用的油脂和炊具要洁净。
2. 火候不宜过猛，宜用中慢火。
3. 搪镬要均匀，避免出现色泽不均匀。
4. 判断好色泽和熟度。

原材料

主副料 腌好虾仁150克，鸡蛋6只，炸好榄仁25克，葱白粒25克

调味料 精盐6克，味精5克，白砂糖2克，芝麻油1克，胡椒粉0.1克，食用油750克（耗油50克）

工艺流程

1. 鸡蛋去壳，盛入碗内调味打匀。
2. 把虾仁放进热油泡油至熟，倒出沥去油。
3. 把虾仁、葱白粒、榄仁放入蛋液内和匀，用汤匙舀落镬，每匙净料重约25克，用镬铲拨平，搪为圆形，把边修整齐，慢火煎至两面金黄色，装盘。

知识拓展

1. 以上做法造型比较细致美观，现大多数都是煎成大饼。
2. 煎成大饼难度稍大，方法有以下：

（1）直煎法：将所有原料和匀后，放入炒镬中，煎至熟，两面呈金黄色。

（2）叠煎法：将所有原料和匀后，放入炒镬中，炒至七成熟，再在炒镬中造型于圆饼，再煎熟，两面呈金黄色。

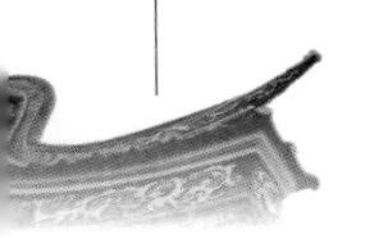

煎酿鲮鱼

名菜故事

鲮鱼的特点是肉质幼嫩，水分少而鲜美，可惜细骨多。顺德人在长期烹饪实践中，创制了“酿鲮鱼”这一菜式，将鲮鱼起出其骨，酿回其肉，不穿其皮，保持其形，可谓扬长避短，令鲮鱼“脱胎换骨”。制作刀工精细，堪称一绝。

原材料

主副料 鲜活鲮鱼1条（重约400克），腊肉幼粒、马蹄肉粒各25克，湿冬菇丝、猪肉丝各50克，葱丝、葱花各25克

调味料 精盐8克，味精6克，白砂糖2克，淀粉30克，芝麻油1克，胡椒粉0.1克，花生油200克

工艺流程

1. 鲮鱼处理干净，轻刀将皮肉分离，用手指从鱼皮和肉之间插入，将鱼皮剥离至背鳍处，剥完一边，再剥另一边。用刀斩断脊骨两端，而保持头、尾与原条鱼皮相连。

2. 取出脊骨，鱼肉剁烂，放在盆中，加入味料，挞至起胶后，加入葱花、马蹄肉粒、腊肉幼粒，再挞至起胶，然后酿入涂上淀粉的鲮鱼皮内，使恢复鱼形，拍上淀粉。把肉丝拌上淀粉。

烹调方法

煎法

风味特色

味道焦香鲜甜，质感嫩滑

3 滑镬后把酿好鲮鱼放入热镬中煎至表面金黄色，取起。

4 肉丝泡油。另起镬调入汤水、肉丝、菇丝、味料及酿鲮鱼，改用慢火加热至熟，取出鱼，切件装盘。

5 将葱丝、胡椒粉放入原汁中，并用淀粉勾芡，加包尾油和匀，淋在鱼面上。

技术关键

打制鱼胶时以挞为主擦为辅，且要顺一方向搅拌。

家乡焗鱼肠

主副料 鲩鱼肠500克，鸡蛋4只，油条50克

料　头 姜米15克，葱花25克，湿陈皮丝10克

调味料 精盐5克，味精3克，白砂糖1克，绍酒15克，淀粉25克，粟粉（玉米淀粉）50克，胡椒粉0.1克，白醋100克，食用油100克

名菜故事

南海、番禺、顺德烹鱼方式多种多样，对许多人弃之不吃的鱼肠，他们巧加烹调，创造了煎、焗、盐焗、炸等多种制法，使之变成肥腴可口而全无腥味的美食佳肴。“焗鱼肠”是传统的家常菜式之一。

烹调方法

焗法

风味特色

香脆味鲜，营养丰富

技术关键

1. 鲩鱼购回后养2天左右取出鱼肠。
2. 用白醋洗可使鱼肠不泻油。
3. 淀粉和粟粉分多次撒入原料，这样不致起粒。

工艺流程

1 鱼肠用白醋浸洗后，用剪刀剪破，洗净，再用清水漂去醋味，用洁净布吸干水分，切断。

2 鱼肠放入已涂油的瓦钵内，调入绍酒、精盐、味精、白砂糖、胡椒粉，加入姜米、葱花、陈皮丝、淀粉、粟粉，分多次均匀撒入。

3 油条切幼丝和蛋液和匀后，加入鱼肠内并和匀。

4 放入微波炉焗6分钟至熟。

清蒸笋壳鱼

名菜故事

笋壳鱼是一种体形较小的河鲜，产于广东沿海一带河涌，以珠江三角洲为多。笋壳鱼肉厚而滑，骨丝少，味鲜美。细小的以煎、炸为多，大条的以蒸为主。

烹调方法

蒸法

风味特色

肉厚而滑，清甜而无细骨丝，鲜香味美

技术关键

1. 在鱼肚内切开肋骨和下颌，可加快鱼成熟，使肉嫩滑而味鲜及造型美观。
2. 蒸鱼时必须使用猛火加热，让鱼在短时间内成熟，保证菜肴味鲜，肉滑。
3. 调蒸鱼豉油味道要恰当，突出味鲜。

原材料

主副料 宰好笋壳鱼1条（约重500克）

料　头 姜丝、葱丝各15克，姜片、葱条各20克

调味料 精盐6克，味精4克，白砂糖10克，生抽40克，芝麻油1克，胡椒粉0.5克，上汤100克，花生油50克

工艺流程

1. 笋壳鱼洗净，抹干，用刀在鱼肚内切开肋骨和下颌。
2. 精盐擦匀鱼身内外，放在垫有葱条的碟上，扒开，姜片放在鱼身上，淋上花生油。
3. 鱼放入蒸柜（或蒸笼）里，使用猛火蒸至恰熟，取出，去掉姜片和葱条，倒一半原汁入锅，调入上汤、生抽及味料加热至沸后，注入碟边。
4. 用胡椒粉撒上鱼身表面，把姜丝、葱丝放在鱼身表面，再烧滚花生油，淋在鱼面及姜丝、葱丝面。

知识拓展

蒸鱼时用葱条垫底，姜片放面，既可达到去腥味，增香味，又使蒸气对流，还使原料熟度一致。原料不粘碟，保持鱼身完整。

均安煎鱼饼

主副料 鲜鲮鱼肉500克，葱花25克

调味料 精盐6克，味精5克，白砂糖2克，淀粉50克，食用油500克（耗油100克）

名菜故事

煎鱼饼是顺德均安镇的一款传统美食，已有100多年历史。这种煎鱼饼香气扑鼻，爽滑甘美，可茶，可酒，可饭，所以很受欢迎，逐渐成了远近驰名的美食。

烹调方法

煎法

风味特色

爽滑味鲜，油润明亮，浓香扑鼻

知识拓展

上述是传统的制法，后来制法渐趋讲究，用料也更加丰富。除了鲮鱼肉外，还增添马蹄肉粒、腊肠粒或虾肉粒，使鱼饼质感更丰富。

工艺流程

1 鲜鲮鱼肉去皮，切薄片，剁成蓉，加入精盐、味精、白砂糖，挞至有弹力感，然后加入适量清水、淀粉搅拌均匀，再挞至均匀，加入葱花拌匀，填入圆形的篾模（今用铜模）内压成薄饼。

2 滑镬后把鱼饼放入炒镬，煎至两面金黄色，装盘。

技术关键

1. 剁鱼肉时要剁成蓉状，不能带有骨丝。
2. 下精盐的分量要准确，精盐可使鱼蓉起胶性产生弹力感。
3. 打制时以挞为主擦为副，且要顺一方向搅拌。
4. 煎制时宜使用中慢火，掌握好熟度。

顺德拆烩鱼羹

名菜故事

拆烩，是顺德人食鱼八法之一。鱼蓉羹是顺德最常见的水乡风味美食，家家户户都会做，且有较高水准。

烹调方法

烩法

风味特色

汤羹色奶白诱人，味道鲜美，质感丰富

技术关键

1. 煎制鱼肉或鱼骨时，火候不宜过猛，仅煎至金黄色即可。
2. 滚鱼汤时猛火加热，保证汤色奶白。
3. 勾芡时不宜猛火，且勾薄芡。

知识拓展

拆烩鱼云羹做法与此菜相同。有些师傅在此基础上加入洗净的金银菜和鸡蛋花，让鱼羹添加了不少的雅致及情趣。

原材料

主副料 鳙鱼750克（拆肉后约225克），丝瓜丝15克，胡萝卜丝50克，木耳丝60克，湿冬菇丝60克，红枣丝5克，腐皮丝6克，炸粉丝50克，炸榄仁40克

料　头 芫荽、姜丝、果皮丝、葱丝各10克

调味料 精盐5克，味精3克，白砂糖1克，胡椒粉0.1克，淀粉25克，食用油100克

工艺流程

1. 鱼起肉，分割成头、骨、腩、肉。铲去鱼皮。
2. 滑镬后将鱼肉、鱼腩放入热镬中煎至金黄色，再放入蒸柜略蒸取出，拆骨留肉待用。
3. 滑镬后把鱼骨、鱼头煎至金黄色，随即加入沸水，使用猛火且加盖，滚至汤色奶白，倒出待用。
4. 滑镬加入拆骨鱼肉，鱼腩略炒香后加入鱼汤，放入配料，微沸时勾薄芡，加尾油和匀，盛入汤窝内，再将炸粉丝、葱丝、炸榄仁放在羹面。

蚬肉生菜包

名菜故事

此菜是顺德民间一款传统的风味菜肴，主料是蚬肉、生菜、韭菜（现多用韭黄），各有吉祥寓意。

烹调方法

炒法

风味特色

肉质嫩滑，鲜香回甘，清甜酸辣，爽脆味美

技术关键

1. 配料刀工成形不宜过大。
2. 蚬肉水分较多，在预热处理时，火候不宜过猛，爆炒时间稍长，爆至干身。
3. 炒制时间不宜过长，以免配料过熟出水。

知识拓展

生炒乳鸽崧与此菜制法一样。

原材料

主副料 黄沙蚬肉400，腊肠25克，湿冬菇25克，韭菜100克，酸菜梗100克，炸粉丝25克，嫩玻璃生菜叶250克

料　头 姜米5克，蒜蓉5克，青椒粒50克，葱粒15克

调味料 精盐5克，味精3克，片糖粉3克，绍酒10克，芝麻油1克，胡椒粉0.1克，淀粉10克，上汤30克，食用油100克

工艺流程

1 生菜叶先用清水反复漂洗，后用冷开水多次浸洗至净，改成碗口大小，分放2碟。

2 蚬肉洗净，滤干。酸菜梗洗净，用清水浸过，揸干水分，切粒；其他的配料也分别切粒。

3 滑镬后改用慢火先把腊肠粒炒熟，取起。接着把蚬肉爆香，取起。最后把酸菜梗粒爆干，取起。

4 原镬下姜米、蒜蓉爆香，接着把各料（除葱粒）放入同炒，烹入绍酒、上汤、调味料，撒上胡椒粉，用淀粉勾芡，然后下葱粒、麻油及包尾油炒匀，装盘。把炸粉丝捏碎撒上面，跟上2碟生菜（用生菜叶包裹上述其他食料，随包随食）。

碧绿蚬蚧鸡

名菜故事

蚬蚧是将蚬肉用高浓度的汾酒加姜米、陈皮丝等腌制而成。色泽鲜艳，撩人食欲。“碧绿蚬蚧鸡”是以生菜胆、鸡加配料和味蚬蚧制成的菜式。

烹调方法

浸法

风味特色

鸡皮爽肉滑，姜葱味浓香，蚬蚧馥郁芬芳

知识拓展

用汤水浸鸡的菜肴，首先要选用肥嫩的小母鸡（鸡项）。浸鸡讲究火候运用和熟度掌握。最后过“冷水”。如姜蓉白切鸡、碧绿上汤鸡、葱油淋鸡等。

原材料

主副料 光鸡1只（重约750克），西兰花150克

料　头 姜蓉，葱蓉各25克

调味料 精盐25克，味精20克，白砂糖5克，淀粉10克，绍酒10克，蚬蚧酱100克，上汤50克，食用油100克

工艺流程

1 光鸡去净内脏并洗净；用刀改好西兰花。

2 手提鸡头，将鸡放入汤桶来回烫数次，然后才放入汤水内，不加盖，以慢火使汤水保持微沸状态，将鸡浸熟，取出，放入冷开水过冻，斩件，拼回鸡形上碟。

3 烧镬下油，加汤水，下调味料，加入西兰花，煸炒至熟。滑镬下西兰花，烹绍酒，调味，用淀粉勾芡，下尾油炒匀，分伴在鸡两侧。

4 滑镬下姜米、葱蓉爆香，加入上汤，调味，加入蚬蚧酱和匀，淋上鸡面。

技术关键

1. 浸鸡时汤保持微沸，可保证肉质嫩滑，并掌握好熟度。
2. 浸熟后马上放入冻开水，可使鸡皮达到爽脆。
3. 烹调蚬蚧汁时，火候不宜过猛，时间要短。

大良野鸡卷

名菜故事

大良野鸡卷是顺德名馔，这道名馔是体现顺德厨师对食材的高超理解。最早的时候野鸡卷的做法是用熿炉去熿制的。由于慕名者众，熿制的产量不足，于是就有厨师改用炸的方法应对。自此，野鸡卷的做法就由熿改为炸。

烹调方法

炸法（酥炸法）

风味特色

芡色橙红油亮，肉块酥脆内嫩，味道酸甜

知识拓展

1. 此菜除包卷枚肉外，也可用火腿或腊肠放在中间，丰富口味。
2. 腌制肥肉时加入酒可以达到解腻作用，主要原因是：酒中的乙醇是脂肪的有机溶剂，两者结合产生酯化反应，并产生浓香味，吃起来不觉得肥腻。

原材料

主副料 肥肉500克，薄片的枚肉500克

调味料 精盐6克，味精2.5克，白砂糖2.5克，淀粉100克，汾酒10克，鸡蛋1只，食用油1500克（耗油100克）

工艺流程

1 肥肉切成长20厘米、宽16厘米、厚0.1厘米，用2.5克汾酒腌20分钟，把枚肉片用汾酒、精盐、味精、蛋黄拌匀后再上淀粉。

2 肥肉拍上淀粉后铺开，把枚肉放在肥肉片上，占宽度的2/3则以鸡蛋清、淀粉打匀的蛋糊贴口，卷紧如圆筒形，入笼蒸熟，取出，待凉，切开成厚2厘米棋子形的肉块。

3 用净蛋拌匀，再拍上淀粉。

4 把肉块放进热油中炸至金黄色，装盘。上席时跟淮盐、喼汁佐食。

技术关键

1. 刀工要细腻，不宜将肉料片得过厚。
2. 包卷要严密，特别是接口处。
3. 初蒸时要猛火，后改成中慢火，以防破裂。
4. 炸时掌握好油温，不宜过高，否则会炸成“猪油渣”。
5. 炸至成形时才可翻转，否则会散口。

凤果焖鸡

名菜故事

凤果，即凤眼果，顺德人称之为“七姐果”，因每年农历七月七“乞巧节”供奉它，故名。凤果肉黄色，煲熟后松香甘美。

烹调方法

泡油焖法

风味特色

鸡肉嫩滑味鲜，凤果香松甘美，是夏末秋初的时菜

技术关键

1. 鸡肉泡油只需六成熟，否则下汤水焖就会过熟，不能保证肉质鲜嫩。
2. 原料焖时宜用中火，并加盖，可使肉料熟度一致和保存香味。
3. 掌握好勾芡时机。

知识拓展

“凤果焖鸭”制法与此相同。

原材料

主副料 鸡肉400克，凤眼果400克，湿冬菇25克

料　头 姜花10克，葱度15克

调味料 精盐6克，味精5克，白砂糖2克，淀粉20克，绍酒10克，上汤200克，芝麻油1克，胡椒粉0.1克，老抽5克，食用油750克（耗油100克）

工艺流程

1 凤眼果剥去内皮，取出果肉。

2 鸡肉切件，放入精盐、鸡蛋清、淀粉拌匀。

3 鸡肉放进热油中浸泡，倒出沥油。接着放凤眼果肉泡油，倒出沥油。

4 原镬下姜花、湿冬菇、鸡肉件、凤眼果肉，烹入绍酒，下上汤、味料，略焖，撒上胡椒粉，以老抽调色，用淀粉勾芡，加入芝麻油、葱度，加包尾油炒匀，装盘。

佛山柱侯鸡

名菜故事

柱侯鸡是广东省佛山地区特色传统名肴之一，属于粤菜系。已有近百年历史，为清代佛山三品楼餐厅厨师梁柱侯所创制。其实这个传说中的“柱侯”二字与地方方言是有关系的，佛山禅城口音多以石湾乡音居多，该口音对食物“惹味、滋味”多发音为“可喉”（接近普通话“可口”的读音）。

烹调方法

焗法

风味特色

香气四溢，入口骨软肉滑，豉味浓郁

技术关键

加热过程中，待上汤烧开后转为小火，反复多浸几次，不要过火把鸡皮弄破。

原材料

主副料 光鸡1只（重约1250克）

调味料 味精1.5克，淀粉25克，绍酒25克，芝麻油1克，柱侯酱100克，猪油75克，上汤600克，葱粒30克

工艺流程

1. 光鸡洗净，去净内脏。
2. 镬烧热放入猪油40克，略烧热即加入柱侯酱100克炒香（火不要猛），烹入绍酒后，放入上汤，光鸡用慢火加热至熟。取出鸡后稍吹凉，便可斩件装盘，拼回鸡形。
3. 将鸡颈、腔骨、腿骨、翼骨取出，放回鸡汁内慢火煎透，大约将汁煎至半饭碗左右。
4. 鸡汁用淀粉打芡（先放入味粉调味），打好芡后加入芝麻油和包尾猪油，淋鸡面即成。以葱佐食佳。

知识拓展

同样操作方法可以制作“柱候鸭、柱候鹅”。

高明碌鹅

名菜故事

碌鹅是一道色香味俱全的传统名肴，属于粤菜系。此菜是不折不扣的高明山乡菜。“碌”为粤语，其中有一意思为转动、滚动。碌鹅也可以理解为在镬里不断转动烹煮至入味的一种煮鹅的做法。

烹调方法

碌法

风味特色

色泽光亮，外脆里嫩，酱汁浓郁，齿颊留香

知识拓展

碌鹅首选乌鬃鹅，碌鹅突出秘制酱汁，略以豆豉味突出。卤鹅则是卤汁甘香鲜味，两者的质感和风味也是大有不同。

主副料 鹅1只（约2000克）

料　头 蒜蓉10克，姜片25克

调味料 精盐10克，味精15克，冰糖50克，绍酒25克，蚝油100克，鲍汁50克，生抽50克，豆豉蓉20克，食用油500克，陈皮2块，八角3颗，花椒10克，香叶3片

工艺流程

1 鹅洗净后，放入沸水中略飞水，捞出，趁热涂上生抽。

2 把原料放入热镬中半煎半炸至大红色，倒出，沥油。

3 烧镬下油，下姜片、蒜蓉、豆豉蓉爆香，烹入绍酒，下汤水及调味料，再放入鹅。用中慢火加热至汁变稠后下冰糖，再大火收汁至原料成熟。

4 斩件装盘，淋上原汁。

技术关键

1. 鹅必须清理干净，炸够身（金黄色）。
2. 调味料必须先炒香再下水，这样才更加够味。
3. 注意控制火候，用小火，不要把皮弄破。

四杯鸡

名菜故事

四杯鸡声名显赫，是顺德传统名菜之一，一杯香油、一杯老酒、一杯酱油、一杯糖，不加水，将鸡煮烂，放入镬里干焗熟即成。

烹调方法

焗法

风味特色

味鲜馥郁，原汁原味，有类似豉油鸡的风味

技术关键

1. 要选鸡项（小母鸡），确保菜肴肉质鲜嫩。
2. 焗制时要使用慢火，且加盖以便使熟度一致及香味不易流失。
3. 判断好原料的熟度，以仅熟为度。

原材料

主副料 光鸡1只（重约750克），郊菜250克

料　头 姜片、葱条各25克

调味料 味精5克，白砂糖50克，生抽100克，老抽25克，玫瑰露酒50克，食用油500克

工艺流程

1. 光鸡放入微沸水中略烫过，洗净，去除表面油脂及污物。
2. 滑镬投入姜片、葱条爆香，下生抽、玫瑰露酒、白砂糖，加老抽调色。将鸡放入镬中，边加热边翻动，使其上色均匀（如不够色，再下老抽），并用勺子舀些味汁进入鸡腔内，加盖，慢火焗熟，调入味精和匀，将鸡取出。
3. 去掉姜片、葱条，倒出鸡肚内汁液待用，斩件上碟，拼回鸡形。
4. 将郊菜放入沸水，调入食用油，精盐煸熟，分放在鸡两侧，把原汁淋上鸡面。

大良炸牛奶

名菜故事

顺德人历来喜欢用新鲜原料烹制美食，不断推出新的菜式及小食。起初是煲奶茶，继而炖双皮奶，之后又创制了炒牛奶。大约于1976年前后，又推出了炸牛奶。这种炸牛奶“大小似骨牌，色泽似蛋黄，外皮酥脆甘香，内里松化软滑，奶香宜人，营养丰富。

烹调方法

炸法

风味特色

表面酥脆，内香滑且清甜

技术关键

1. 煮奶必须隔水，且要勤于搅动，以免煮焦及起粉粒或起片状。
2. 调脆浆的分量比例要适当。搅拌时不能顺一方向，防止“起筋”，且不能起粉粒。静止时间要足够。

原材料

主副料 鲜水牛奶500克，粟粉（玉米淀粉）75克，白砂糖125克

脆　浆 低筋面粉250克，淀粉50克，泡打粉10克，精盐3克，清水300克，花生油75克。

调味料 食用油2000克（耗油100克）

工艺流程

1. 少量鲜牛奶与粟粉放入一器皿内搅匀，再加入剩余的牛奶、白砂糖拌匀。
2. 用镬盛水烧沸，把盛奶的器皿放下镬中，隔水煮，边煮边搅动，煮成糊状，然后倒入一只涂了油的盆内，拨平（厚约1厘米），入蒸柜（或蒸笼）蒸熟，取出晾凉，再放入冰箱冷冻至硬，切成5厘米×2厘米的长方形。
3. 将低筋面粉、淀粉、泡打粉、精盐和匀，加入清水搅匀，再加入花生油和匀调成脆浆，静置20分钟，待其起发。
4. 用少量干淀粉拍上牛奶条表面，再将牛奶条逐一沾上脆浆，放入油镬，用慢火炸至浅金黄色，捞起上碟。

大良炒牛奶

名菜故事

此菜是顺德最负盛名的历史名菜之一，约有100多年历史，抗日战争胜利后颇为盛行，并传至港、澳及华南各地，成为“著名粤菜”。“大良炒奶”形状美观，犹如小山，色泽白嫩，香滑可口，营养丰富。此菜被奉为我国烹饪技术中软炒法的典型菜例。

烹调方法

软炒法

风味特色

香滑，色泽洁白，有浓郁的鲜奶味

技术关键

1. 要选用新鲜牛奶。
2. 牛奶、粟粉、鸡蛋清的比例要适当。鸡蛋清不能打散。
3. 要合理使用火候，炒制时顺一方向炒制且频率不宜过快。

原材料

主副料 鲜水牛奶400克，鸡肝粒100克，蟹肉、虾仁各50克，鸡蛋清200克，粟粉30克，炸榄仁5克，熟火腿蓉2克

调味料 精盐6克，味精4克，白砂糖1克，猪油750克

工艺流程

1. 鲜水牛奶滚过，备用。
2. 鸡肝粒用沸水滚至八成熟，与虾仁一起泡油至熟，滤油，备用。
3. 鲜牛奶分别与粟粉、鸡蛋清调匀，然后两者混合，再加入蟹肉、虾仁、鸡肝粒、精盐、味精、白砂糖和匀。
4. 滑镬倒入已拌料的牛奶，改用慢火，顺一方向翻炒，然后下榄仁炒熟，上碟堆成“山形”，撒上火腿蓉装盘。

知识拓展

“白雪虾仁”菜肴制作与此菜基本相同。

得心斋酝蹄

名菜故事

佛山得心斋酝蹄是广东省佛山地区一道传统名菜。流传一百多年，以老字号得心斋制作为佳品。

烹调方法

卤法

风味特色

卤味四溢，爽口弹牙，肥而不腻

原材料

主副料 猪蹄1只（约1250克）

调味料 冰糖30克，蒜片3克，生抽20克，绍酒50克，老抽5克，八角3颗，草果1个，丁香3克，生姜25克，小茴香3克，干辣椒7颗

工艺流程

1. 猪蹄切开把骨头清理干净，猪皮要刀刮干净备用。猪蹄飞水。
2. 用纱布将香料包起，猪蹄皮朝下放在纱布上，卷起用草绳扎紧。
3. 镬中放入水，并将所有调味料倒入镬中，水要浸没食物，并下生抽、老抽、绍酒，加盖转为中慢火加热1小时。
4. 等卤水凉了把酝蹄捞起来冷藏。
5. 凉透的猪蹄切片，装盘，用新鲜酱油和蒜末调好酱汁作佐料。

技术关键

1. 猪蹄一定要去骨清洗干净，草绳一定要扎紧猪蹄。
2. 猪蹄一定要凉透再切才会爽口弹，芡汁色泽均匀有光亮。

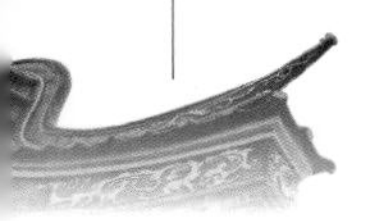

红烧笋尾

原材料

主副料 猪大肠头1250克，酸子姜200克

调味料 白卤水2500克，食用油2000克（耗油50克），脆皮糖浆：麦芽糖40克，浙醋15克，淀粉25克，绍酒15克

名菜故事

这是顺德的一款传统名菜，为大良飞园酒家店主兼厨师冯六（绰号“肥仔六”）于20世纪40年代所创制。此菜名中的“笋尾”，系指一向不登大雅之堂的猪肠头，即猪直肠。这段猪肠经过油炸，特别爽脆，名素实荤，颇有趣味，故受到意想不到的欢迎。

烹调方法

炸法

风味特色

味鲜皮脆，焦香浓郁，色泽鲜红，故又有“假烧鹅”之称

工艺流程

1. 猪大肠头洗净，用沸水滚脍，放入微沸的白卤水中浸1小时。
2. 用刀刮去猪大肠的膏，用洁净毛巾抹干表面水分和油脂，趁热涂上脆皮糖浆，用钩穿上，挂在通风处晾干，约2小时。
3. 把大肠头放入热油内，中火浸炸至呈大红色，皮脆，捞起。
4. 趁热用刀将大肠切成“日”字件，放在碟上，酸子姜分伴四边。

技术关键

1. 浸白卤水时要使用慢火，保持微沸，大沸会使原料表面“出油”，难以上皮。
2. 上皮要均匀，晾干时间要足够，不能用日光照射，用手去摸发硬即可。

知识拓展

此菜也可将酸子姜换成糖醋荧佐吃。

酸菜炒猪大肠

名菜故事

如果以为猪大肠“粗贱”而舍弃，那是十分可惜的。猪大肠以其爽脆的风味，赢得食客的厚爱。

烹调方法

炒法（生炒法）

风味特色

爽脆味美，酸甜适度，醒胃可口

知识拓展

猪大肠除了炒外，还可用于酿的菜式，如煲酿猪大肠，此菜主要用糯米酿入猪大肠内，再放入汤水中煲。另还可炸，如脆皮炸大肠。

原材料

主副料 猪大肠400克，酸菜400克

料　头 青红椒件50克，蒜蓉10克，豆豉蓉10克，葱度25克

调味料 精盐5克，味精4克，白砂糖3克，淀粉15克，糖醋50克，陈村枧水10克，食用油500克

工艺流程

1 酸菜去老叶，用清水浸洗干净，斜刀切片。

2 将猪大肠去净表皮的膏，反转，用精盐擦洗，切开两边，剞上花纹，切件，加入陈村枧水腌30分钟，用清水漂透，去净枧味，放入滚水中煮至八成熟，倒出，滤去水分。

3 滑镬下酸菜片，爆炒至有酸香味，倒出。

4 再滑镬下蒜蓉、豆豉蓉爆香，接着下酸菜片、青红椒件、葱度、猪大肠件，调入味料、糖醋，以老抽调色，用淀粉勾芡，加包尾油，炒匀，装盘。

技术关键

1. 清洗猪大肠时要清洗干净。
2. 腌制要恰到好处，并漂清枧水味。
3. 干煸酸菜时火候不宜过猛，以免变焦。
4. 炒制、勾芡动作要快，时间要短，以免过熟影响菜品质感。

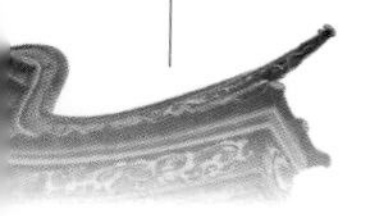

家乡炒蚕蛹

名菜故事

蚕蛹，是蚕吐丝结茧以后变成的蛹，是缫丝后的副产品。顺德是广东省著名的蚕桑之乡，蚕农多兼种桑、养鱼，湿气极重而绝少受风湿关节痛困扰，专家认为有赖常吃蚕蛹之功。新鲜的蚕蛹，吃起来有肉质感，又香又鲜，宜酒宜饭。

烹调方法

炒法

风味特色

味甘香，油香四溢，美味可口

知识拓展

以往此菜的配料多用葱，但用韭菜可吸沾蚕蛹异味和油镬的肥腻，使味道更佳。

原材料

主副料 蚕蛹300克，韭菜250克，青红椒共100克

料　头 姜花5克

调味料 精盐6克，味精3克，白砂糖1克，绍酒10克，芝麻油1克，胡椒粉0.1克，食用油500克

工艺流程

1. 青红椒洗净去籽切粒，将韭菜切1厘米长。
2. 蚕蛹洗净捞起滤去水分。用胡椒粉、精盐及少许绍酒将蚕蛹腌透。
3. 烧镬下油，投入韭菜，调入少许味料，干煸至八成熟，倒出。
4. 滑镬下蚕蛹慢火炒香后，下姜花略炒，然后加入青红椒粒、韭菜，溅绍酒，调味炒香后，加包尾油炒匀。装盘。

技术关键

1. 韭菜水分较多，不宜用汤水煸炒，要使用干煸方法。
2. 蚕蛹下镬后不宜用猛火加热。
3. 下配料炒时不宜炒制时间过长，以免原料过熟渗水。

（四）清远、韶关风味菜

丹霞臭豆豉鱼

名菜故事

丹霞山地区最具特色的菜式是——臭豆豉鱼。采用民间古传的臭豆豉焖鱼，闻起来臭，吃起来香，回味无穷，一点也不比臭豆腐逊色。因此得名为“丹霞臭豆豉鱼”。

烹调方法

蒸法

风味特色

色泽棕红，细嫩鲜香，豆豉味浓，咸鲜宜人

知识拓展

选用清水鲫鱼或水库鱼，味道更鲜美，豆豉焖鸭的制作方法与此相同。

主副料 臭豆豉80克，鲫鱼1条（约1000克）

料　头 青红辣椒粒各50克，姜粒5克，芫荽50克，蒜蓉30克，葱度50克

调味料 生抽100克，花生油800克（耗油50克），鸡精3克，淀粉50克，胡椒粉0.5克，精盐2克，味精1克

工艺流程

1. 鲫鱼处理干净，在鱼的表面剞“菱形花刀”。
2. 鱼用姜、葱、精盐腌制15分钟后清洗干净，吸干水分，下少许精盐进行腌制1分钟。
3. 将腌制的鲫鱼煎至两面金黄色再倒入油炸至金黄色，捞出放在碟子上。
4. 用小碗将青红辣椒粒、姜粒、蒜蓉、臭豆豉蓉、生抽、鸡粉、清水拌匀调入淀粉水，再加入花生油拌匀，均匀平铺在鱼的表面上。
5. 用中火蒸15分钟取出，洒芫荽淋上烧热的花生油10克即可。

技术关键

炸制时油温130~150℃浸炸约5分钟，炸至色泽浅黄色，再升高油温炸至金黄色捞出沥油。

红烧罗非鱼

名菜故事

谈起清远的美食，不能不提的就是北江罗非鱼了。红烧罗非鱼鱼肉鲜美，味道浓香。

烹调方法

红烧法

风味特色

鱼肉软嫩可口，鲜味十足

知识拓展

红烧做法，一直很受品味重的食客欢迎，如红烧甲鱼（水鱼）、红烧茄子等。

原材料

主副料 北江罗非鱼1条（约1000克）

料　头 姜丝10克，葱花10克，蒜子10克，菇丝30克

调味料 精盐5克，蚝油2克，生抽1克，白砂糖2克，鱼露5克、食用油1500克（耗油100克）

工艺流程

1 罗非鱼处理干净。

2 烧镬下油，下罗非鱼炸至金黄色，捞起待用。

3 起镬爆料头，烹入绍酒下二汤500克，下调味料、鱼，加镬盖中小火烧10分钟（中间翻鱼一次）。

4 起鱼，原汁勾芡，下包尾油，铺于鱼上即可。

技术关键

1. 鱼要炸透，至金黄色。
2. 焖时要把握汤量和调味。

家乡柚皮焖鱼肠

名菜故事

这道菜最早由顺德人所创，是由“柚皮焖花腩”等与柚皮有关的传统菜式改良而来的，改良后柚皮焖鱼肠就称得上是街知巷闻的经典菜了。鱼肠吸收了柚皮的清香，柚皮掩盖了鱼肠的腥味，因此得名为“柚皮焖鱼肠”。

烹调方法

焖法

风味特色

鱼肠柔韧，果皮幽香

技术关键

1. 掌握柚子的初步加工处理方法和规格。
2. 熟悉鱼肠的初步处理，避免在烹制过程出现较重的鱼腥味。
3. 掌握好焖制的时间和芡汁的浓稠度。

知识拓展

制作柚皮焖花腩方法与此相同。

原材料

主副料 柚子皮400克，鱼肠两副

料　头 姜丝5克，陈皮5克

调味料 柱侯酱30克，胡椒粉0.2克，白砂糖5克，精盐5克，蚝油5克，生抽3克，花生油300克

工艺流程

1. 鱼肠剪开，用精盐搓洗。
2. 柚子表面黄色的皮去除，切成 6厘米×3厘米×1厘米，飞水，并挤压2~3遍，去除苦涩味。
3. 鱼肠洗净切10厘米段，放镬中炸出油，装起待用，镬中留少许油将处理好的柚子皮倒入翻炒。
4. 柚子皮在镬中翻炒后加以上料头、调味料，加水中火慢焖，使其软硬适中。
5. 调好味把鱼肠倒入一起焖煮，大概焖25分钟。
6. 最后大火收汁出镬，淋上包尾油即可。

鹅乸煲

名菜故事

在清远民间有此说法："喝鹅汤吃鹅肉，一年四季不咳嗽"。清远清城的鹅乸煲，更是美味，其汤的特点：又滋补又好喝，还有美容等功效。

烹调方法

焖法

风味特色

鹅肉吸收了料头和酱料的味道，香味更加浓郁，加上长时间的焖制，鹅骨透香

知识拓展

鹅的焖制是浓香型，一些浓香型焖制的菜式可以用这种方法。如：鸭、兔子、猪蹄等。

原材料

主副料 鹅乸肉750克，蒜苗100克

料　头 姜件50克，蒜子30克

调味料 精盐10克，蚝油20克，生抽10克，白砂糖30克，花生油30克，绍酒5克，南乳10克，花生酱10克，柱侯酱20克，五香粉1克，陈皮2片

工艺流程

1 鹅乸肉斩件为5厘米×3厘米一件。

2 烧镬爆料头，下鹅肉爆香，下水，下副料、调味料，烧开水转中小火焖鹅致入味，大约30分钟。

技术关键

1. 料头是姜件、蒜子，注意它们的比例。
2. 蒜苗数量要把握好。
3. 火候的把握要准确，焖制时间要把握好（视鹅的老嫩程度定时间）。

清远白切鸡

名菜故事

白切鸡始于清代的民间酒店，因烹鸡时不加调味白煮而成，食用时随吃随斩，故又称白斩鸡。此菜色泽金黄，皮脆肉嫩，滋味异常鲜美，久吃不厌。

烹调方法

浸法

风味特色

色泽金黄，肉嫩味鲜，鸡味诱人

知识拓展

鸡的质量一定要选好，阳山的三黄鸡和清远麻鸡质量尚可，其他的白切菜式做法与白切鸡的做法及要求相同。

原材料

主副料 阳山三黄鸡光鸡1只（约1100克）

料　头 姜100克，葱25克

调味料 精盐56克，花生油10克

工艺流程

1. 姜、葱洗净，50克姜用刀拍裂，25克葱原条留用。另外50克姜剁成蓉，加入6克精盐，烧热花生油放入其中，待用。
2. 烧镬爆炒姜葱，烹入绍酒，下水（水量能完全浸没鸡）烧开，加入50克精盐，放入鸡调小火，以不烧开为度浸鸡15分钟至刚熟。
3. 起鸡放入冻开水中，令鸡迅速冷却。
4. 鸡冷却后取起，吊干身，斩件摆形于碟上，跟上姜蓉作佐料即可。

技术关键

1. 浸鸡的时间要把握好。
2. 鸡浸好后要放入冻开水中冷却。

龙归冷水猪肚

名菜故事

20世纪60年代，农户禁止私宰生猪。有一农户恰好遇见“食物站”工作队放哨，为毁依据，将宰好的猪肉、猪肚全体抛屋后水井浸藏住。第二天，工作队拜别，才将其捞起，取猪肚食之爽口非常，发明经冷水浸泡过的猪肚更加爽口，此制法沿袭至今便成了“龙归冷水猪肚”的美称，而引来很多“为食猫”一见钟情。

烹调方法

浸法

风味特色

冷水猪肚带有其特色的香、滑。吃的时候还非常带有嚼劲。冷水猪肚外看表面光滑，内里肉嫩

技术关键

1. 掌握猪肚飞水成熟度和清洗干净猪肚内的杂质。
2. 熟悉浸的水温和时间。
3. 必须“过冷河”使猪肚呈现爽脆的质感。

原材料

主副料 猪肚1只（约750克），食粉15克

料　头 生姜5片，葱度50克，芹菜50克

调味料 酸辣汁：精盐5克，胡椒粉2克，姜汁5克，醋3克，生抽5克，鱼露2克，味精3克，红油3克，蒜油5克，芝麻油3克等放在一起，调匀即成

工艺流程

1. 猪肚处理干净，备用。
2. 浸泡猪肚时，食粉的用量以猪肚分量的2%为好。调好糖醋。
3. 加工好的猪肚放入净水锅中，加入生姜、葱度、芹菜。
4. 煮好的猪肚捞出，用冷开水过凉，再放入冷开水中浸泡5~6小时，直至猪肚色白涨大。
5. 冷水泡好的猪肚捞出，控干水分，用刀片成厚片并装盘，再将酸辣汁淋在猪肚上，最后撒上熟芝麻。

石潭豉油鸡

名菜故事

豉油鸡是比较出名的广东家常菜，因为用料简单，做法简单，味道却特别好，做出来得鸡肉特别嫩滑可口，而备受大家的喜欢，即使家庭中都可以轻松做出。在清远的豉油鸡就以石潭出名，独特的配方和浓厚的豉油香味，再加上使用的鸡是清远走地鸡，令人回味无穷。

烹调方法

卤法

风味特色

芡色大红油亮，皮爽肉滑，豉油香味足

技术关键

豉油鸡的卤制过程要熄火。

知识拓展

豉油鸡的卤水调色，可以通过生抽、老抽调色。

原材料

主副料 清远走地鸡光鸡1只（约1100克）

料　头 姜200克，红葱头50克，葱度150克

调味料 冰糖500克，味精100克，高汤10千克，生抽3000克，蜜糖50克。香料包：八角50克，花椒50克，香叶30克，沙姜30克，丁香50克，陈皮50克，小茴香50克，草果50克，甘草50克，桂皮50克，老抽100克

工艺流程

1. 配好的香料用隔渣袋包好。
2. 将香料包放入高汤里加热熬煮，时间为2小时，小火慢熬。加入调味料进行调味和调色。静放一天，第二天就可以用了。
3. 光鸡洗净备用。
4. 煮开卤水，把光鸡放入卤水浸泡，卤水需浸过整鸡。待卤水二次煮开时，熄火卤制，时间为30分钟左右。
5. 在鸡的表皮涂上蜜糖，切块装盘即可。

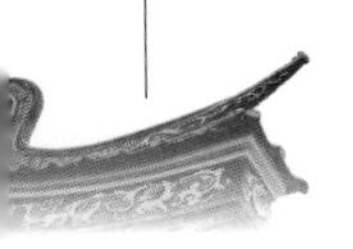

粉葛蒸腊肉

名菜故事

这道菜出自韶关的一位农家里，在某年的冬至，张叔家来了一个客人，因为家里经济不好，拿不出什么好菜，于是张叔拿出几天前采挖的粉葛与腊味一起调味拌匀蒸。朋友尝试后赞声不绝，因此得名为粉葛蒸腊肉。

烹调方法

蒸法

风味特色

腊肉肥而不腻，粉葛清香松化

原材料

主副料 粉葛400克，腊肉300克，清水30克

料　头 葱花15克

调味料 精盐5克，味精3克，白砂糖5克，绍酒5克，食用油20克

工艺流程

1 粉葛去皮切成5厘米×3厘米×0.8厘米的片再用精盐、味精、白砂糖、绍酒、食用油、清水进行腌制。

2 腊肉用斜刀切成粉葛的规格备用（腊肉稍微切薄点）。

3 粉葛与腊肉相隔依次排放入碟内，隔水旺火蒸18分钟。

4 最后淋上烧熟食用油5克，撒上葱花。

技术关键

1. 选用优质的腊肉和掌握当地的风味进行调味。
2. 掌握蒸制的时间与合理利用原料。

知识拓展

淮山蒸腊肉制作方法与此相同。

瑶山笋干焖猪肉

名菜故事

瑶山笋干是纯天然绿色食品，以瑶山野生竹笋为原料，通过去壳、蒸煮、压片、烘干、整形等工艺制取。色泽金黄，呈半透明状，片宽节短，肉厚脆嫩，香气馥郁，配上鲜味十足的土猪肉，笋干吸收猪肉的鲜味后，更加嫩爽，香味更加浓郁。

烹调方法

焖法

风味特色

笋干吸收了料头和猪肉的鲜味，香味更加浓郁，加上笋干纤维素含量较多，老少适宜

知识拓展

猪肉选用肥瘦相间的五花肉，和一般焖法相同。

原材料

主副料 土猪肉200克，瑶山笋干100克，二汤300克

料　头 姜片10克，蒜片10克，葱度10克，红辣椒15克，青辣椒15克

调味料 精盐5克，蚝油2克，生抽1克，白砂糖2克，花生油200克，绍酒5克，淀粉10克

工艺流程

1. 笋干用清水浸泡4小时，致笋干浸透。改成边长2厘米的菱形片。
2. 土猪肉切成5厘米×3厘米×0.5厘米的厚片，飞水，并油炸上色。
3. 起镬爆料头（姜片、蒜片、葱度），下猪肉烹入绍酒，爆香，下二汤、笋片，调味，焖致猪肉软滑，笋片入味，下青红辣椒件。
4. 收汁勾芡，下包尾油。

技术关键

1. 笋干要浸透。
2. 焖至猪肉软滑，笋片入味。

韶关大塘扣肉

名菜故事

大塘扣肉是广东韶关曲江的地方传统名菜，属于粤菜系。为当地大塘人所创，在韶关当地出名已久。肉中夹香芋，肉香和芋香浑然一体，入口绵软，甜香适中。大塘扣肉有咸味也有甜味，一般以咸味居多。

烹调方法

炸法、蒸法

风味特色

色泽金黄，香气扑鼻，味道清甜，肥而不腻

主副料 五花肉500克，乐昌芋头400克，清水1000克

料　头 葱度10克，青菜100克

调味料 绍酒25克，生抽15克，精盐10克，冰糖15克，蚝油10克，白砂糖8克，南乳15克，五香粉5克，香叶2克，桂皮2克，八角2克，葱结10克，食用油1000克（耗油50克）

工艺流程

1 清水放入五花肉块、葱结及香叶、桂皮、八角，大火煮开后转小火煮30分钟。

2 芋头切成约1厘米厚片，加入精盐20克涂抹均匀，腌制15分钟。煮好的肉块取出放凉，表面涂上生抽，在表皮用钢针扎上小洞，沥干水分。

3 镬内热油，放入肉块炸至金黄色（炸肉皮时要加盖以免被油伤到）。

技术关键

掌握五花肉与香芋的炸制时间及火候。

4 将芋头放入160℃热油中，炸至表面呈金黄色。将炸好的肉块切成1厘米厚片。

5 将蚝油、白砂糖、生抽、五香粉等调料与猪肉、芋头拌均匀，将肉块和芋头块逐一接排放在深碗内，最表面铺上剩余的芋头。用中火蒸2.5小时。

6 蒸好的肉，在碗上扣个大盘，将碗反扣过来即可。

7 在盘内装饰焯熟的青菜，将碗内蒸出的汤汁倒入镬内加热至浓稠，淋在扣肉表面即成。

紫苏炒山坑螺

名菜故事

山坑螺，是在山涧流动的溪水中生长的，与田螺不同，它基本上没什么泥腥味，但肉少得可怜，拼命吮吸，才能吃到如同瓜子般大小的螺肉，却是极度鲜美的。做这个菜，采用多种酱料的复合味，并且紫苏特有的香味在成菜中得到充分的释放。

烹调方法

炒法

风味特色

味道咸鲜，螺肉鲜嫩

技术关键

山坑螺静养时，放盐在水中，排除山坑螺内的泥沙。

知识拓展

山坑螺螺肉嫩滑，味道鲜美；螺子少，可由螺头吃到螺尾，无沙感。

主副料 山坑螺400克，紫苏30克，豆豉10克，青红圆椒150克，姜米30克，葱度5克，蒜蓉20克，香菜2根

调味料 美极鲜酱油10克，花生油100克，鸡精5克，盐5克，蚝油6克，绍酒5克，辣椒酱15克

工艺流程

1. 用铁夹剪掉山坑螺的尾部，然后放入清水洗净泥沙，重复四次，在水中静放一天左右即可。
2. 青红圆椒切片，葱留葱白，紫苏洗净，去根留叶。
3. 镬里放水，煮山坑螺，煮至八成熟。
4. 放油爆香豆豉、青红椒片、姜蒜粒、辣椒酱，加入清水，加入山坑螺，放入精盐、鸡精等调味品，然后进行翻炒，炒至九成熟后，加入紫苏进行翻炒至熟。
5. 装起山坑螺，稍加整理，用香菜放在螺上作为点缀。

英德东乡蒸肉

名菜故事

东乡蒸肉是典型的客家菜，历史悠久，是当地的传统美食。五花肉先炸一炸，加入调料后放到蒸笼蒸透，吃起来香滑不肥腻，香醇味美。

烹调方法

蒸法

风味特色

猪肉吸收了料头和酱料的味道，香味更加浓郁，加上长时间的蒸制，猪肉酥烂软糯

知识拓展

猪肉选用肥瘦相间的五花肉，可以制作香芋扣肉、东坡肉等。

主副料 五花肉750克

料　头 姜蓉2克，蒜蓉3克，陈皮粒5克

调味料 精盐3克，蚝油2克，生抽1克，白砂糖3克，花生油3克，绍酒10克，芝麻5克，柱候酱10克，五香粉3克

工艺流程

1. 五花肉切6厘米×6厘米的大方块，放入清水中煲熟，沥干水，用钢针扎孔。
2. 猪肉放入热油中，炸致金黄色。
3. 炸好的猪肉再改刀切成5厘米×3厘米×0.8厘米的长方块。
4. 芝麻炒香，猪肉加入调味料拌匀，整齐排入扣碗内。
5. 上蒸笼蒸透致酥烂，撒上炒香的芝麻即可。

技术关键

1. 猪肉炸上色要把握油温，炸上色后最好用啤水去清油污。
2. 炸制的火候要把握准确，蒸制时间也要把握。

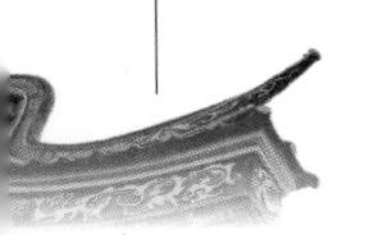

烟熏肉炒毛瓜

○ ○ 原 材 料 ○ ○

主副料 毛瓜（节瓜）500克，烟熏肉200克

料　头 蒜蓉50克，湿冬菇150克

调味料 精盐5克，胡椒粉0.2克，鸡粉3克，白砂糖2克，食用油50克，淀粉10克

名菜故事

瑶山烟熏肉是广东韶关乳源瑶族自治县的特色风味美食，是当地的名优特产，瑶山烟熏肉以乳源必背瑶寨的最为著名。瑶山烟熏肉外皮油润呈金黄色，皮质坚硬，具有腊香扑鼻、芳香四溢、酥软可口、滑而不腻的特点。

烹调方法

炒法

风味特色

瑶山烟熏肉外皮油润呈金黄色，腊香扑鼻，酥软可口

技术关键

1. 毛瓜的成熟度适中，不宜太熟而影响质感。
2. 烟熏肉起片不能厚或太薄影响质感。
3. 菜品色泽光亮，清爽。

工艺流程

1. 烟熏肉用斜刀切片备用。
2. 湿冬菇清洗干净切片，飞水备用。
3. 毛瓜去皮切片备用。
4. 烧红镬，放入适量的油将蒜蓉爆香，加烟熏肉炒至肉脆。
5. 加毛瓜片与冬菇片，炒至熟，加精盐及胡椒粉进行翻炒，使各料入味均匀，加入适量淀粉进行勾芡，淋上包尾油即可。

红葱头蒸山坑鱼

名菜故事

山坑鱼个头不大，一般也就4~7厘米长，且山坑鱼喜欢群居，由于个头小，人们用细网捕捞，捞起来后放盐晒干。

烹调方法

蒸法

风味特色

味道咸鲜，鱼香酥脆

技术关键

调味的时候，一定要清楚山坑鱼干的味道是咸的，豆豉、酱油、鸡精也是咸的，所以要加清水中和。

知识拓展

野生的"山坑鱼"因为生长在山坑边的湖或者溪里，所以又叫"水鳄鱼""三根鱼"。

原材料

主副料 山坑鱼干350克，红葱头30克，豆豉10克，香菜两根，姜碎30克，葱度5克，清水100克

调味料 美极鲜酱油10克，花生油50克，鸡精5克

工艺流程

1. 红葱头和姜洗净拍烂剁碎，用碗装起备用。
2. 用盆装起山坑鱼干，加入红葱头碎粒、姜碎、豆豉、清水、葱度等，并加入花生油10克、鸡精等调味品；最后轻轻拌匀，腌制2分钟。
3. 取出山坑鱼干，在碟子上整齐摆好，把盆中剩余的副料和味汁倒入摆好的山坑鱼干里，放入蒸柜用大火蒸2~3分钟即可。
4. 取出蒸熟的山坑鱼，倒掉多余的汁，淋热油。
5. 倒入美极鲜酱油，香菜放在山坑鱼上作为点缀。

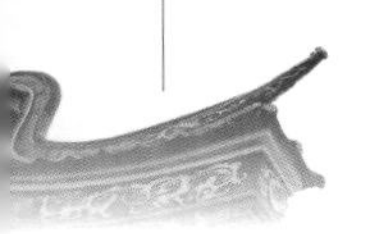

连州脆口牛蹄

名菜故事

连州的饮食文化综合了粤湘桂的特色，酸辣兼有，焖、炒、炖、煲齐聚。这当中，尤以连州牛蹄为一大特色，连州每家每户都很喜欢吃牛蹄。

烹调方法

焖法

风味特色

芡色橙红油亮，成菜的味道具蒜香并带少许辣的刺激

技术关键

1. 牛蹄韧性较足，需要煲软牛蹄。
2. 牛蹄在煲软时，已经足味，焖制时注意调味。

主副料 牛蹄2000克

料　头 生姜250克，整葱150克，炸蒜6颗，葱花5克

调味料 八角15克，香叶5克，草果15克，香茅20克，陈皮15克，花椒10克，食用油20克

工艺流程

1 用锅煮牛蹄，中小火，时间为15分钟，煮至牛蹄壳能被敲脱离。

2 去牛蹄壳，用砍刀背敲，此时应注意安全，牛蹄容易弹飞。

3 用刀在牛蹄上切开小口，切四刀，这样容易入味。在锅里调好调味料及放入生姜、整葱及其他香料，然后小火煲牛蹄，时间约为1.5个小时。

4 炒炸蒜，加入少量清水、调味料，放入牛蹄焖制2分钟，勾芡出锅，再撒入葱花。

骆坑笋焖烧腩

名菜故事

骆坑笋产于清新县龙颈镇骆坑，这里水土优良，种植出来的骆坑笋以颜色金黄、还原率高、肉质肥厚、爽脆香甜著称，被誉为“第一绿色保健食品”“岭南山珍，百笋之王”。骆坑笋含人体所需的蛋白质、维生素、铁、钙以及多种氨基酸成分，是老少咸宜的天然食品。

烹调方法

焖法

风味特色

骆坑笋吸收了烧腩的肉味，更香，更鲜爽。烧腩在焖的过程中出了油而不显得肥腻

知识拓展

在焖的做法中，很多都是素荤结合的，既突出原料特点，也可使菜品达到意想不到的和味。

原材料

主副料 烧腩200克，骆坑笋300克，二汤300克

料　头 姜片10克，蒜片10克，葱度10克，胡萝卜花5克

调味料 精盐5克，蚝油5克，生抽10克，白砂糖2克，芝麻油，胡椒粉少许，绍酒5克，食用油1000克（耗油50克）

工艺流程

1. 烧腩切5厘米×3厘米×0.3厘米的片，骆坑笋（已经煲过）切10厘米×2厘米×0.2厘米的片。
2. 烧镬下油，下烧腩炸一下，捞起待用。笋片飞水。
3. 起镬爆料头，下烧腩，骆坑笋轻炒，烹入绍酒，下二汤300克，下调味料，用中小火焖5分钟。
4. 勾芡，下包尾油，盛于碟上即可。

技术关键

1. 笋要煲过，烧腩要轻炸过。
2. 焖时要把握汤量和调味。

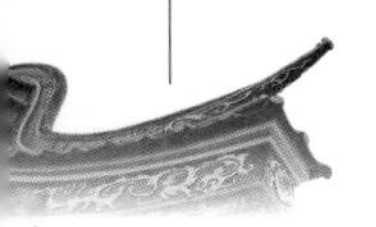

白灼石潭腐竹

名菜故事

腐竹起源于唐代，距今已有一千多年历史，是中国人喜爱的一种传统食品。而在清新，上滨江地区的石潭腐竹颇有名气。这种特别的青豆腐竹，清甜嫩滑，质感极佳，韧性远远超过其他品牌的腐竹，而成为当地传统菜式中少不了的角色。石潭腐竹采用纯正青豆制成，相当天然，而且“腐竹”与“富足”二字谐音，石潭腐竹成为地方菜肴的最佳选择。

烹调方法

灼法

风味特色

清甜嫩滑，质感极佳，韧性较好，豆香味浓郁

原材料

主副料 石潭腐竹200克（干货）

料　头 姜丝、干葱丝、葱丝、青红椒丝各5克

调味料 生抽10克，花生油50克

工艺流程

1 腐竹用清水浸泡1小时，使腐竹吸足水分，改成边长6厘米的段。

2 起镬烧水（能全浸过腐竹）至开，下精盐、油，下腐竹10秒至腐竹刚熟，捞起放碟上。

3 腐竹面撒上姜丝、葱丝、青红椒丝、干葱丝，烧热花生油，淋在腐竹上面，再由碟边淋入生抽即可。

技术关键

1. 腐竹要浸透。
2. 灼腐竹的水要加入油和精盐，以使腐竹入味。
3. 淋油的油温要高，足可以把料头淋熟为度。

知识拓展

除了腐竹，石潭豉油鸡及豆腐等也很出名。

糯米酿豆腐

名菜故事

糯米酿豆腐是一道美味可口的汉族名菜，属于粤菜系客家菜。此菜出自穷山村，农民家中之特色菜，20世纪60年代的农村，农民买不起肉类，只好用糯米酿豆腐，岂知其味极佳，而留传至今为乡间一美食，因此的名为“糯米酿豆腐”。

烹调方法

蒸法

风味特色

嫩滑可口，弹性极佳，低脂

技术关键

1. 豆腐挖口的规格要均匀一致，酿制的厚度要均匀。
2. 掌握蒸制的时间。

知识拓展

选用肉最好选三分肥七分瘦的，这样制作质感与味道更合理，客家酿豆腐的制作方法与此相同。

原材料

主副料 五花肉400克，湿糯米500克，泡豆腐30个

料　头 香菇50克，葱花50克，姜末5克

调味料 蚝油10克，绍酒10克，花生油100克，淀粉150克，精盐4克，鸡粉4克，生抽5克

工艺流程

1. 湿糯米洗净，经过8小时的浸泡备用。香菇泡发切碎。五花肉剁碎后加绍酒去腥。葱姜切碎。
2. 肉末、香菇末和姜末放进一个碗里加入精盐、生抽、蚝油、鸡粉一起拌匀。
3. 湿糯米倒入碗里与肉末、香菇末、姜末拌匀。
4. 泡豆腐正面中心用手开一个口子，抹上淀粉，采用“虎口”慢慢地把馅酿进磨平后放在碟里，然后将豆腐煎至金黄色。
5. 煎好的酿豆腐摆在蒸锅上，大火蒸5分钟再转中火蒸25分钟。
6. 蒸好的酿豆腐取出，撒上葱花，再滴上几点花生油即可。

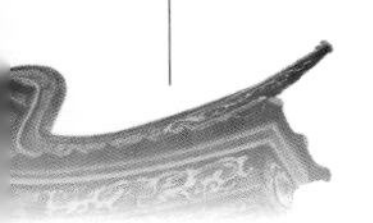

红烧九龙豆腐

名菜故事

九龙豆腐是广东英德九龙当地人人皆知的特色传统小吃，属于粤菜系。当地有这样一种说法“黄花豆腐九龙出名”。在邻近的黄花镇，因同系石灰岩山区，用优质山泉水做出来的黄花豆腐，也特别嫩滑鲜甜，别具特色。据传，很早的时候，九龙镇较少人做豆腐，九龙镇的豆腐大部分是黄花镇人做好拿过去卖的。直到改革开放后，因九龙镇地处交通要塞，且随着英西峰林走廊风景区的进一步开发，人流量增多，在九龙品尝豆腐的人不断增多，“九龙豆腐”遂被外人所了解。

烹调方法

煎法

风味特色

优质山泉水做出来的豆腐特别嫩滑鲜甜，开煲或炸都不易烂

原材料

主副料 豆腐400克

料　头 姜片5克，蒜粒5克，葱花5克

调味料 精盐3克，白砂糖5克，芝麻油2克，鸡精2克，生抽10克，绍酒15克，食用油50克

工艺流程

1 先把豆腐切成3厘米×3厘米的规格，待用。

2 烧镬下油，把豆腐放入镬里煎至金黄色。

3 将各种调味料混匀，调成芡汁。

4 起镬爆姜片、蒜粒，把芡汁倒进去，把豆腐放进去，加清水100克，中火煮至收汁，勾芡，落包尾油，装碟，撒上葱花。

技术关键

1. 一定要选择优质的山泉水豆腐。
2. 要控制好火候。

知识拓展

同样的豆腐可以做麻婆豆腐、煎酿豆腐等菜式。

（五）肇庆、云浮风味菜

清蒸西江鲉

名菜故事

西江鲉肉质细嫩，味鲜美，现数量稀少，曾为产区的重要经济鱼类，被视为西江的名贵鱼类之一，亟待保护。它是性情较为温和的大型肉食性经济鱼类，全身无鳞，享有“淡水之王”的美誉，被誉为珠江“四大名鱼”之一。

烹调方法

蒸法

风味特色

味道鲜美，肉质嫩滑，豉香味浓郁

原材料

主副料　宰净的西江鲉1条（约1000克）

料　头　姜米10克，葱5克，蒜蓉5克，豆豉蓉20克

调味料　老抽6克，精盐8克，淀粉10克，味精4克，白砂糖2克，芝麻油2克，胡椒粉2克，花生油20克，陈皮末4克

工艺流程

1 鲉鱼沿背部，每隔2.5厘米切一刀，但要脊骨切断、腹部相连。

2 鲉鱼放入碗内，加入豆豉蓉、蒜蓉、姜米、陈皮末、老抽、精盐、淀粉、味精、白砂糖、芝麻油、胡椒粉拌匀再下花生油拌匀。

3 把鲉鱼盘卷在碟中（头在中间）放入蒸柜用旺火蒸8分钟至刚熟取出，撒上葱花，淋上热油即成。

技术关键

1. 先调味再拌粉，最后拌油轻轻拌匀。
2. 掌握好蒸制的火候，宜用旺火。

知识拓展

造型相似的菜肴还有“豉汁盘龙鳝”等菜肴。

罗定鲜炸鱼腐

名菜故事

罗定鲜炸鱼腐主要由鲜鲮鱼肉、淀粉、鲜蛋制作并油炸而成，营养丰富，软滑可口，甘香味浓，久煮不烂。罗定鲜炸鱼腐炸出即可食用，鲜炸鱼腐香醇诱人，蘸点炼奶食用更别具风味。同时，罗定鲜炸鱼腐也是一种百搭美食，由它制成的各式菜肴汤鲜味美。罗定鲜炸鱼腐已被列为云浮市级非物质文化遗产保护名录，加以保护。

烹调方法

炸法

风味特色

颜色金黄，涨发成圆形，味道鲜美香滑

知识拓展

罗定鲜炸鱼腐可以用来做汤菜或者是扒类菜肴，如“鱼腐扒菜胆”。

原材料

主副料 鲮鱼肉1500克，鸡蛋液400克，面粉100克，淀粉50克，清水500克

调味料 精盐15克，味精5克，食用油1500克（耗油250克）

工艺流程

1 鲮鱼肉放砧板上，从尾部逆向用刀刮出鱼蓉，用刀剁至极细蓉，有光泽。

2 将鱼蓉放入盆内，加精盐、味精搅拌至起胶，加入鸡蛋液搅拌均匀，然后分三次加入水调成淀粉、面粉糊浆，并且用力搅拌均匀。

3 镬内下食用油中火烧至90℃，将拌成糊状的鱼蓉挤成丸子（约15克），放入油镬中炸到涨发硬身、颜色金黄色即捞起。

技术关键

1. 剁鱼蓉时要细而且有光泽
2. 搅拌时用力要均匀，顺同一方向。要准确掌握各料的用量。

清蒸文岃鲤

名菜故事

文岃鲤，产于肇庆鼎湖沙浦镇，与高要产的麦溪鲤齐名，不少食肆都可以吃到，吃法以纯粹的清蒸为主。相传，清朝时有一钦差大臣出巡高要，尝文岃鲤惊叹其美味妙不可言，立即派人日夜兼程送给慈禧太后品尝，慈禧也极为赞赏，即赐“岭南第一塘”，文岃鲤便成了皇家赐封过的“鲤鱼王”.。

烹调方法

蒸法

风味特色

鱼肉质鲜嫩、菜肴味道鲜美，鱼鳞爽脆

技术关键

1. 改刀要准确。
2. 蒸制时间要根据鱼的大小灵活掌握。
3. 蒸鱼要用旺火。

原材料

主副料 宰净的文岃鲤1条（约1500克）

料　头 姜丝30克，葱丝25克，红椒丝10克，厚姜片30克

调味料 海鲜豉油60克，芝麻油1克，花生油50克

工艺流程

1. 文岃鲤从腹部进刀在背脊骨两侧各切一刀，不要切穿，以断骨为准。
2. 碟子上放2只筷子，把鲤鱼腹部向下放在筷子上，鱼身上铺上厚姜片入蒸柜旺火蒸10分钟至刚熟，取出捡去厚姜片并抽去筷子，沥干汤汁。
3. 把切好的姜丝、葱丝和红辣椒丝放在鱼身上，烧镬下油至七成油温淋在三丝上，在边上淋入海鲜豉油即成。

知识拓展

鲤鱼根据个人喜好可以不用去鳞片，鱼鳞非常爽脆。

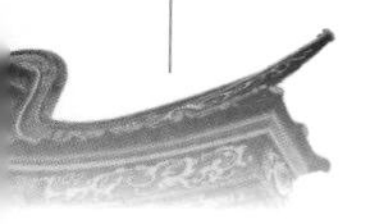

姜葱焗麦溪鲩

名菜故事

麦溪鲩，产于高要大湾的麦溪和麦塘两口塘，麦溪鲩有“鱼中之王”的称号。麦溪鲩富含硒、锌、铁等人体必需的矿物质元素。

烹调方法

焗法

风味特色

味道鲜浓而香，肉质软滑

技术关键

1. 腌制时抹精盐要均匀。
2. 煎鱼时镬要洗净，搪镬，防止粘镬。
3. 掌握好芡的浓稠。

知识拓展

类似这道菜还有“姜葱焗鲤鱼”等。

原材料

主副料 宰净的麦溪鲩1条（约1500克）

料　头 姜块200克，葱条500克，蒜蓉10克

调味料 精盐20克，味精15克，生抽10克，老抽10克，胡椒粉3克，芝麻油5克，蚝油30克，绍酒20克，二汤1000克，淀粉30克，花生油100克，陈皮末3克

工艺流程

1. 麦溪鲩用精盐9克涂抹均匀。姜块用刀拍破。
2. 烧镬下油搪镬，将麦溪鲩放入镬中，小火将鱼的两面煎至金黄色。烧镬下油放入蒜蓉、姜块、葱条爆香，烹入绍酒，下二汤、麦溪鲩（姜葱垫底），调入精盐、味精、蚝油、生抽、老抽、陈皮末，加盖用中火焗约20分钟至熟。
3. 将麦溪鲩取出装在碟中，姜块、葱条放在鱼面上。把镬放回炉上，在原汁中调入胡椒粉、芝麻油，用淀粉勾芡，再加上包尾油后将芡淋在鱼身上即可。

清蒸西江鲂

名菜故事

西江鲂鱼，学名广东鲂，体高而侧扁，为长菱形。常见体重为1000克左右，肉质细嫩清甜。

烹调方法

蒸法

风味特色

鲂鱼味道鲜甜，肉质细嫩

技术关键

1. 鲂鱼的鳞要去干净。
2. 改鲂鱼刀工时深度一定要够。姜葱尖椒丝要够细够均匀。
3. 切好的丝要清水浸泡。
4. 蒸鱼时下面一定要放筷子将鱼身托起，这样易熟。
5. 蒸鱼时火一定要够大，淋油油温要够。

原材料

主副料 鲂鱼1条（约1000克）

料　头 姜丝30克，葱丝20克，尖椒丝15克

调味料 蒸鱼生抽50克，花生油30克

工艺流程

1 鲂鱼去鳞、鳃，开膛去肠脏洗净备用。

2 鲂鱼从背部顺着背鳍一刀到尾，在背鳍的另一边尾部肉厚处从中间顺着拉一刀，要一刀进骨，然后放在蒸鱼碟中备用（鱼碟上放2支筷子将鱼托起）。

3 放入蒸柜中蒸制7分钟，刚熟时取出，抽出筷子滤去汁水。

4 把姜丝、葱丝和尖椒丝撒在蒸好的鱼身上，烧镬下油至八成热油温淋于鱼身上的姜丝上，再在边上淋蒸鱼生抽即成。

知识拓展

清蒸鱼类基本操作差不多，可以一法多用。另外，鲂鱼细小的骨刺特别多，食用时要小心。

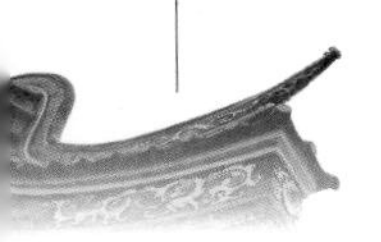

荷香蒸甲鱼（水鱼）

名菜故事

肇庆盛产莲，因此常用荷叶制作菜品。将甲鱼铺在荷叶上蒸熟，出锅以后甲鱼吃起来就有一股淡淡的荷叶香味，十分美味。

烹调方法

蒸法

风味特色

肉质嫩滑，味道鲜美，有荷叶的清香味

原材料

主副料 净甲鱼（水鱼）500克，荷叶1张，红枣片5克

料　头 姜片2克，葱度5克

调味料 精盐4克，味精2克，陈皮末2克，生抽5克，芝麻油1克，胡椒粉1克，白砂糖2克，淀粉5克，花生油10克

技术关键

1. 甲鱼（水鱼）的黄膏较腥，要去除，剁块的大小要均匀。
2. 荷叶要抹干水分，并且涂抹上油，甲鱼（水鱼）不要堆叠在一起。
3. 蒸甲鱼（水鱼）宜中火。

工艺流程

1 甲鱼（水鱼）斩成块，每块重约15克，洗净，吸干水分，放入碗内加入红枣片、姜片、葱度、精盐、味精、陈皮、生抽、芝麻油、胡椒粉、白砂糖及淀粉拌匀，再加入花生油轻轻拌匀。

2 荷叶洗干净，用沸水烫片刻取出抹干水分，铺在碟上，抹上一层油，将调好味的甲鱼（水鱼）平铺在荷叶上。

3 把装好盘的甲鱼（水鱼）放入蒸柜，中火蒸7分钟取出，加入葱度再略蒸至熟，取出淋上热花生油即可。

知识拓展

类似这道菜还有“荷叶蒸鹧鸪”“荷叶蒸滑鸡”等。

麒麟西江河鲈

名菜故事

鲈鱼可分为海水鲈与淡水鲈两种。淡水鲈又称白花鲈、桂花鲈，产于西江、北江、肇庆、虎门等地带。白花鲈身色清白，其鱼皮上布满黑花点，头大，口大，鱼鳞细，嘴内有锋利的牙，肉质厚实，爽滑，层次分明，骨丝小，味清鲜美。

烹调方法

蒸法

风味特色

味道鲜香可口，鱼肉嫩滑

知识拓展

类似这道菜做法的还有“麒麟生鱼”等。

原材料

主副料 西江鲈鱼肉500克，熟瘦火腿50克，湿冬菇50克，竹笋花100克，菜心200克

料　头 姜花5克

调味料 精盐5克，味精7克，绍酒15克，胡椒粉 1克，芝麻油1克，淀粉10克，花生油60克

工艺流程

1. 鲈鱼肉切成规格4.6厘米×3.2厘米×0.5厘米的厚件，火腿切成窄长方形薄片，冬菇改切成件备用；将菜心改成12厘米长的郊菜。
2. 鲈鱼肉用精盐、味精拌均匀后与火腿、冬菇、竹笋花交错拼成鱼鳞形，分三排砌在碟上，加入猪油，放上姜花，用旺火蒸约7分钟至刚熟，倒去原汁。
3. 郊菜炒好，分四行排在蒸好的鱼上。
4. 旺火烧镬，放入花生油，烹入绍酒，加入上汤、精盐、味精、胡椒粉调味，用淀粉打芡，再加入芝麻油、花生油和匀，淋在鱼面上即成。

技术关键

1. 刀工规格要均匀。
2. 鲈鱼要用精盐和味精腌过。
3. 排列要整齐，蒸制时间要掌握好。

香芋焖黑鲩

名菜故事

芋头焖鲩鱼是高要禄步人家招待客人的一道重要菜式，用特定的大镬把十斤重的大鲩鱼带鳞熬煮。爽脆的鱼鳞混合着绵糯的鱼肉与芋头，绵润的质感中充满动感的跳跃。

烹调方法

焖法

风味特色

味道鲜美，香浓，鱼鳞爽脆，鱼肉与芋头绵糯

知识拓展

此鱼鱼鳞爽脆，肉质鲜美，与鲤鱼有相似之处。

原材料

主副料 带鳞黑鲩鱼肉1000克，香芋400克

料　头 姜块50克，葱度20克

调味料 精盐20克，味精10克，生抽10克，老抽5克，绍酒15克，二汤500克，胡椒粉2克，蚝油10克，食用油1000克（耗油50克），淀粉20克，陈皮末2克

工艺流程

1 香芋切成长5厘米，宽2.5厘米，厚0.5厘米的块，炒镬下油将芋头炸透至金黄色捞出备用，鲩鱼皮向下煎至两面金黄备用。

2 烧镬下油，料头爆香，下二汤、黑鲩鱼肉，加入所有调味料调味，加盖焖至熟透，加入香芋一起焖至汤汁略稠，下葱度及用淀粉打芡，下包尾油出镬装盘即成。

技术关键

1. 煎焖结合，先煎后焖。
2. 香芋下镬不宜焖太长时间。

笼仔蒸西江河虾

名菜故事

说起西江河鲜，最出名的莫过于西江虾了！个头大小相间，再仔细一看，正宗西江虾的两条大钳一只长一只短！为何会这样呢？其实是因为西江水流较急，虾一般在河边河床的岩石里觅寻食物，为应付急流，虾的一个钳子必须牢牢地抓住河床的岩石壁，另一钳子找寻食物，久而久之，抓住岩石的钳子就会变得很粗壮。此外，吃西江虾也是有讲究的，不需要椒盐或红烧，要的就是原汁原味！所以西江虾一般是白灼或蒸（俗称“笼仔蒸河虾”），蒸三分钟即可食用，吃时徒手剥去虾壳，配上调好的生抽，质感鲜美、味道清甜。

烹调方法

蒸法

风味特色

鲜香爽嫩

原材料

主副料 河虾500克

料　头 蒜蓉3克，姜蓉15克，葱白蓉3克

调味料 海鲜豉油30克，花生油15克

工艺流程

1 制蘸料：姜蓉、蒜蓉、葱白蓉用热油淋，倒入海鲜豉油即可。

2 蒸制：河虾洗净装入笼仔，入蒸柜，旺火蒸3分钟取出配上蘸料即可。

技术关键

1. 热油淋姜、葱、蒜会更加出味。
2. 蒸制时间不宜过长。

茶油鸡

名菜故事

野山茶油是中国特有的珍稀用油，具有特殊的油香，产量极少，是油中的珍品。用茶油烹饪的茶油鸡具有咸香、嫩滑、无腥味的特点，是四会的一大名吃。

烹调方法

炸法

风味特色

鸡肉味鲜嫩滑，成形好，茶油香味浓郁

知识拓展

用此做法，可以制作“脆皮鸡”等。

原材料

主副料 清远鸡（鸡项）光鸡1只（约1250克），姜30克，葱度20克

调味料 精盐25克，鸡粉15克，白砂糖10克，胡椒粉5克，山茶油3000克（耗油100克）

工艺流程

1 光鸡洗净，用精盐、鸡粉、白砂糖、胡椒粉、姜葱腌制半小时备用。

2 烧镬下山茶油烧热，放入腌好的鸡，炸至刚熟捞出备用（约炸20分钟）。

3 取一干净的碟，把炸好的鸡斩件（如白切鸡斩法）拼摆于碟中即可。

技术关键

1. 腌制一定要充分，时间要看鸡的大小。
2. 炸油温要合适。

白切封开杏花鸡

名菜故事

封开杏花鸡是广东肇庆封开特产，国家地理标志产品。封开杏花鸡体形小、体质结实、结构均匀、被毛紧凑、前躯窄、后躯宽、体形似“沙田柚”。它骨细皮薄、肌肉丰满、脂肪分布均匀，吃起来有清、鲜、甜、爽、骨香之感。

烹调方法

浸法

风味特色

味道鲜美，皮爽肉嫩滑

技术关键

1. 宰鸡刀口放血要准确。
2. 浸鸡保持汤沸而不腾，时间要掌握好，用冰水，使鸡皮更加爽口。

知识拓展

类似这种做法的菜肴还有“白切鸭”“白切鹅”等。

原材料

主副料 封开杏花鸡（光鸡）1只（约1200克）

料　头 姜蓉50克，葱白丝15克

调味料 精盐5克，味精5克，熟花生油50克，鸡汤1盆，冰凉开水1盆

工艺流程

1 鸡挖清内脏洗干净，烧水至沸，下鸡飞水，去清血污，取出冲凉水。

2 鸡汤烧至沸，把鸡放入，浸入汤中，约1分钟提起冲凉水，反复2~3次，然后用小火将鸡浸至刚熟（约25分钟）取出，马上放入冰凉开水中冷却，提起沥干水分，在外皮刷上一层熟花生油，斩块上碟，砌成鸡形。

3 把姜蓉放入小碗内，下精盐、味精拌匀，淋上热花生油，然后放入葱白丝，分成两小蝶，与白切鸡一起上桌。

鼎湖上素

名菜故事

“鼎湖上素”是广东传统名菜，始于清末，由广东肇庆鼎湖山庆云寺的老和尚为满足一些上山的贵客而创制的素菜。该菜选用珍贵的素菜原料：三菇（香菇、草菇、蘑菇）、六耳（银耳、黄耳、石耳、木耳、榆耳、桂花耳）等18种原料精心炮制，排列12层，被誉为素菜中的最高上素，因而得名。该菜层次分明，鲜嫩爽滑。

烹调方法

扒法

原材料

主副料 涨发并洗剪好的蘑菇50克，香菇25克，草菇50克，银耳25克，黄耳25克，石耳15克，木耳25克，榆耳25克，桂花耳25克，竹荪25克，莲子25克，鲜笋片25克，银芽25克，西兰花100克

料　头 胡萝卜花25克，姜片25克，葱白10克

调味料 精盐12克，味精15克，白砂糖5克，蚝油25克，老抽3克，绍酒5克，二汤100克，上汤50克，淀粉30克，花生油50克

工艺流程

1. 烧水至沸，分别将鲜笋片、草菇滚过，盛出。下各种涨发好的干货原料滚过，盛出。烧热炒镬，下油、姜片、葱条爆香，烹入绍酒，加二汤、精盐、味精，下香菇、草菇、蘑菇、银耳、黄耳、石耳、木耳、榆耳、桂花耳、竹荪、莲子一起煨过，盛出沥水。
2. 烧热炒镬，下油，烹入绍酒，加上汤、味精、精盐、蚝油、白砂糖，将香菇、草菇、蘑菇、银耳、黄耳、石耳、木耳、榆耳、桂花耳、竹荪等一起焖透，盛出，沥水。
3. 用扣碗先将蘑菇、香菇、草菇、榆耳、黄耳、石耳、竹荪、笋片等，在碗底砌成葵花形，再放入剩余的原料（银芽和西兰花），然后烧镬下油加上汤，调入蚝油、味精、白砂糖烧滚，倒入碗中，上笼蒸15分钟取出，倒出原汁，将原料覆于碟上。将桂花耳放在菜的顶部中间，再将银耳砌在菜的腰围。
4. 烧热炒镬，烹入绍酒，放入上汤，调入精盐、白砂糖、味精、蚝油、芝麻油，用淀粉勾芡，加老抽、包尾油拌匀，淋在菜上即成。

风味特色

造型美观，质爽嫩滑，味道清鲜，有菇菌的特殊香气，营养价值高

技术关键

1. 根据原料的不同用途，分别滚煨。
2. 掌握好味料的用量。
3. 造型要紧密，层次分明，掌握蒸制时间。
4. 掌握好芡粉的量，使芡的稀稠度适中。

知识拓展

类似这样的菜肴还有“十八罗汉斋”等。

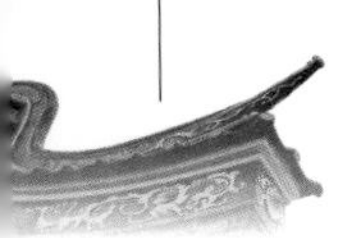

龙潭莲藕焖猪手

名菜故事

龙潭莲藕长于肇庆市封开的龙潭村，浑然天成的好底子，肥硕多粉、入口松化无渣。以至于一道龙潭莲藕焖猪手，肥美的猪手竟然沦为了最佳的配角！

烹调方法

焖法

风味特色

猪手香浓软弹，莲藕粉脍

原材料

主副料 净猪手300克，龙潭莲藕300克

料　头 蒜蓉2.5克，姜片5克

调味料 白砂糖2.5克，味精2克，生抽3克，老抽3克，绍酒10克，南乳15克，淀粉8克，二汤500克，食用油25克

工艺流程

1 猪手斩件，飞水、冲凉水备用。莲藕切块煮透、晾凉备用。

2 滑镬，下姜片、蒜蓉爆香溅绍酒，下猪手、南乳爆香，加入调味料及二汤，把猪手焖脍，加入莲藕，用淀粉打芡，加包尾油炒匀即可。

技术关键

1. 刀工要求大小要均匀。
2. 熟度要掌握好。

知识拓展

类似这道菜的做法还有“花生焖猪手”等。

红烧文笋

名菜故事

文笋是肇庆广宁的特产，区域内的竹子种类达近千种，而文笋又是笋中的上等之物，所以在境内大多人选择种植“文竹”这一种类。文笋一般只在2月到清明前后出产，故清明前后是食用文笋的最佳时期。笋农会在早上四五点就上山挖笋，当日挖出来的竹笋鲜嫩脆甜，质感非常好。且当天挖出来的笋当天食用较好，因为过了夜笋就会变老。

烹调方法

焖法

风味特色

味道清鲜，质感爽脆，有文笋特有的清鲜气味

原材料

主副料 净文笋600克，草菇25克

调味料 精盐20克，味精5克，蚝油10克，老抽5克，上汤150克，淀粉10克，绍酒15克，芝麻油3克，胡椒粉1克，猪油50克

工艺流程

1 文笋、草菇滚煨过，滤去水分备用。

2 烧镬下油，烹入绍酒、加上汤、文笋、草菇、蚝油、味精、精盐、老抽、芝麻油、胡椒粉，以淀粉打芡，加包尾油上碟即成。

技术关键

1. 文笋要滚煨才入味。
2. 注意最后打芡的浓稠度。

知识拓展

类似这道菜的做法还有“红烧冬笋”等。

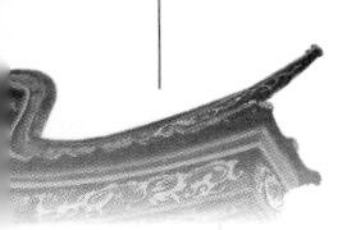

清汤剑花

名菜故事

剑花为仙人掌科量天尺属植物的花朵，该植物原产墨西哥、南美热带雨林，现全世界的热带、亚热带地区均有栽培。我国主要分布在广东、广西，以广州、肇庆、佛山等为主产区，该产品在国内外市场十分畅销，主要用于制作花馔靓汤，达到强身健体、清补养生的目的。

烹调方法

清汤法

风味特色

汤清鲜味浓，剑花滑中带爽

知识拓展

剑花用途广，可以煲汤，可以单独成菜。如“剑花猪骨汤”等。

原材料

主副料 涨发剑花500克，熟火腿片10克

料　头 姜片3克，葱条2克

调味料 上汤1000克，二汤700克，精盐15克，味精10克，绍酒15克，胡椒粉1克，花生油20克

工艺流程

1. 剑花摆整齐头尾去掉一点，用沸水滚过。
2. 烧镬下油，加姜片、葱条爆香，烹入绍酒，加二汤、精盐、剑花煨入味取出，放入汤锅，放火腿片在上面。
3. 小火烧镬，加上汤，下精盐、味精、胡椒粉调味，撇去汤面的浮沫，倒入汤锅中即可。

技术关键

1. 剑花要煨透，摆放整齐才美观。
2. 烧上汤时，要使汤保持清澈，不宜旺火，否则汤会浑浊。

（六）江门、中山风味菜

陈皮酱炒鱼青丸

名菜故事

新会陈皮酱，主要由陈皮、黄豆、鱿鱼粉、糯米、植物油及其他辅料制成，其特征在于所用陈皮为新会陈皮，香气扑鼻、营养丰富。

烹调方法

炒法

原材料

主副料 刮净鲮鱼蓉250克，百合50克，去衣白果50克

料　头 青红尖椒件各20克，蒜蓉10克，姜指甲片15克，短葱榄15克

调味料 新会陈皮酱20克，精盐6克，味精3克，白砂糖2克，鸡粉1克，淀粉15克，绍酒15克，芝麻油1克，胡椒粉0.5克，食用油1000克（耗油100克），鸡蛋50克

工艺流程

1. 百合撕开洗干净，备用。将鲮鱼蓉加入精盐3克、味精2.5克、鸡蛋清25克、淀粉5克，搅拌打制成鱼青胶。
2. 鱼青胶用手重新打制至起胶，然后用左手握着鱼青胶，食指向里弯曲，拇指顺势扣着食指，使“虎口”的食指和拇指应同时伸直成三角形，手心的鱼青胶经其余三只手指的挤压，右手用汤匙挖出成鸡腰形鱼青丸放入食用油中。
3. 烧镬下油，鱼青丸下镬泡油至熟捞起。
4. 猛火烧镬，下清水、食用油、精盐，把百合、白果飞水至刚熟，倒出沥干水分。
5. 烧镬下油，下蒜蓉、姜指甲片、短葱榄、青红尖椒件，下陈皮酱爆炒香，再下百合、白果、鱼青丸，烹入绍酒翻炒。
6. 下精盐、味精、白砂糖、鸡粉及清水调味炒匀，再用淀粉及芝麻油与胡椒粉勾芡炒匀，下包尾油装盘便好。

风味特色

色泽鲜艳，鱼青丸爽滑，形状美观

技术关键

1. 挤制鱼青丸成形要求大小均匀，造型美观。
2. 手法要正确和鱼青馅要重新打制起胶。
3. 鱼青丸泡油的油温要合适。
4. 勾芡要均匀，调味要准确。

知识拓展

1. 一般挤出的成品，必须尽快用油浸泡定形，以免时间久了粘连在一起。
2. “陈皮酱炒虾丸”“陈皮酱炒墨鱼丸”的制作方法与此相同。

脆炸生蚝

名菜故事

台山濒临南海，有得天独厚的水域环境，咸淡水交汇，海水里的浮游生物特别多，这里的生蚝长得比其他地方肥大，味道也更鲜美。

烹调方法

炸法

风味特色

色泽金黄，表面圆滑，酥脆甘香，味鲜嫩滑，造型美观

技术关键

1. 生蚝要吸干水分，上脆浆要均匀。
2. 炸油温要合适，调味要准确。
3. 生蚝上脆浆时手法要正确，否则表面不够光滑。
4. 脆浆起发要好。

原材料

主副料 生蚝10只

调味料 精盐6克，味精3克，鸡粉3克，绍酒5克，胡椒粉1克，芝麻油1克，淀粉75克，食用油50克，面粉250克，发酵粉25克，食用油1000克（耗油100克）

工艺流程

1. 生蚝用沸水飞水至刚熟，捞起用清水冲凉并吸干水分。
2. 生蚝下精盐、味精、鸡粉、绍酒、胡椒粉、芝麻油拌匀略腌制。
3. 将淀粉75克、食用油50克、面粉250克、发酵粉25克、精盐3克下清水300克调成脆浆待用。
4. 烧镬下油，将生蚝拍少量淀粉再沾上脆浆，放入油中用中火浸炸至两面松脆，再升高油温炸至金黄色捞起，滤干油分装盘便好。

XO酱爆鲜鱿

主副料 鲜鱿鱼2条（约400克）

料　头 青红尖椒件各20克，洋葱件20克，蒜蓉10克，姜片15克，短葱榄15克

调味料 新会李锦记XO酱20克，精盐6克，味精3克，白砂糖2克，鸡粉1克，淀粉15克，绍酒15克，芝麻油1克，胡椒粉0.5克，蚝油3克，老抽1克，食用油1000克（耗油50克）

名菜故事

XO酱爆鲜鱿是一道美味可口的菜肴，其质感爽脆，滋味浓郁，色彩鲜艳，采用XO酱是新会李锦记生产，酱味香。

烹调方法

炒法

风味特色

色泽鲜艳，肉质爽脆，味道咸鲜，酱香味浓郁，成芡均匀油亮，刀工造型美观

技术关键

1. 鲜鱿鱼花刀纹要均匀，泡油油温要合适。
2. 勾芡要准确，调味要均匀。
3. 鲜鱿熟度要控制好。

知识拓展

1. 鲜鱿鱼飞水时最好加点绍酒，能去腥异味，一般以卷起为好。
2. XO酱爆肾球、XO酱爆肚片的制作方法与此相同。

工艺流程

1 鲜鱿鱼开肚，去软骨、外皮、黑眼，然后剞上“井”字形花纹，横切成三角形件状。

2 烧镬下水，将鲜鱿鱼先飞水卷起，再用150℃油温泡油至熟。

3 烧镬下油，下蒜蓉、姜片、短葱榄、青红尖椒件、洋葱件，下XO酱爆炒香，下鲜鱿鱼，烹入绍酒翻炒。

4 下精盐、味精、白砂糖、鸡粉、蚝油及清水调味炒匀，再用淀粉加芝麻油和胡椒粉勾芡，后下少量老抽调色炒匀上碟。

卜卜黄沙蚬

名菜故事

卜卜黄沙蚬是一道味道比较芳香的菜肴。黄沙蚬是江门新会睦洲的特产，蚬身大，肉肥嫩，清甜味美，远胜于一般的泥蚬，远近闻名。

烹调方法

焗法

风味特色

色泽鲜艳，肉肥嫩，味道咸鲜，酱香味浓郁

技术关键

1. 黄沙蚬要提前用盐水浸养一段时间，以去除里面沙泥。
2. 调味要准确均匀。
3. 火候及熟度要控制好。

原材料

主副料 黄沙蚬500克

料　头 青红尖椒粒各20克，洋葱粒20克，蒜子粒10克，沙姜粒15克、葱花15克

调味料 花生酱3克，生抽3克，海鲜酱3克，柱候酱3克，沙姜粉3克，精盐6克，味精3克，白砂糖2克，鸡粉1克，淀粉15克，白兰地酒15克，芝麻油1克，胡椒粉0.5克，蚝油3克，老抽1克，食用油50克

工艺流程

1. 黄沙蚬洗净，滤干水分，下花生酱、生抽、海鲜酱、柱候酱、沙姜粉、精盐、味精、白砂糖、鸡粉、淀粉、芝麻油、胡椒粉、蚝油、老抽调好味。
2. 不锈钢圆盆放到煲仔炉上烧热，下食用油，下青红尖椒粒、洋葱粒、蒜子粒、沙姜粒爆香，放入黄沙蚬加盖用中火焗至蚬壳开口刚熟。
3. 旺火收汁，然后放入葱花，再撒少量胡椒粉，加盖溅白兰地酒增香便好。

知识拓展

料头要爆香方可下蚬焗，烹入酒时火要大，以便增加香味。圆盆卜卜白贝的制作方法与此相同。

椒盐山炕鱼仔

名菜故事

这种鱼仔是在山坑里长大的，身上只有肉，没有刺，体形也不大，油炸后配以椒盐，味道一流。

烹调方法

炸法

风味特色

色泽金黄，味道咸鲜

技术关键

炸制油温要控制，熟度及色泽要均匀。

知识拓展

恩平人吃粥时一般要搭配小菜，其中最常见的是沸油涮过后再蒸软的山炕小鱼仔。椒盐九吐鱼的制作方法与此相同。

主副料 恩平山炕鱼仔250克，鸡蛋黄1只

料　头 姜米5克，青红尖椒米各5克，蒜蓉5克，洋葱米5克

调味料 精盐5克，椒盐10克，味精3克，白砂糖5克，鸡粉1克，芝麻油1克，胡椒粉0.5克，辣椒油10克，淀粉100克，面粉20克，吉士粉5克，食用油1000克（耗油100克）

工艺流程

1. 鱼仔洗净并晾干。
2. 鱼仔下精盐、味精、白砂糖、鸡粉、胡椒粉、芝麻油腌制15分钟。
3. 再下鸡蛋黄，下吉士粉、淀粉、面粉拌匀，最后再拍少量淀粉。
4. 烧镬下油，将山炕鱼仔放入油中，炸至熟，金黄色干身捞起滤干油，上碟摆好。
5. 烧镬下少许油、青红尖椒米、姜米、洋葱米、蒜蓉、辣椒油爆香，下鱼仔撒椒盐炒匀，装盘即可。

水煮司前夜鱼

名菜故事

关于鲜美汤甜的“司前夜鱼”的传说有多个。有人说，从20世纪六七十年代开始，凌晨时分由于下雾、雨水多，鱼最生猛、最有活力，村民就到鱼塘里捕捞鳙鱼做夜宵。也有人说，多年前，当地的村民外出游玩回来，肚子饿了就捞鳙鱼做夜宵，鱼的鲜美让村民赞叹不已，久而久之就逐渐传开了。还有人说司前镇位于高速公路旁，很多长途汽车司机晚上经过此地时，肚子饿了就让村民煮鱼解饿，司前夜鱼因而扬名于坊间。

烹调方法

煮法

风味特色

入口清爽而不腻、鲜嫩而无腥味，营养丰富，配上胡椒去腥又驱寒

原材料

主副料 鳙鱼1条（1500~2000克）

料　头 姜指甲片5克，蒜片5克，短葱榄5克，葱度5克

调味料 精盐7克，味精3克，白砂糖10克，鸡粉5克，胡椒粒1克，芝麻油1克，胡椒粉0.5克，绍酒15克，食用油10克

工艺流程

1 鳙鱼宰杀，洗干净，鱼肉切成厚约2厘米块状，鱼头斩件，用清水冲洗浸泡去血至鱼肉偏白。

2 烧镬下油，下姜指甲片、蒜片、短葱榄爆香，烹入绍酒，加入水600克，下精盐、味精、白砂糖、鸡粉、胡椒粒、芝麻油、胡椒粉煮滚。

3 下鱼块、鱼头加盖煮五分钟，放入葱度，包尾油，用一大圆盘装好，造型便好。

技术关键

1. 鱼块清洗干净黑衣及浸泡去血至鱼肉偏白。
2. 控制好煮鱼时间，时间过长偏老，时间过短不熟。

知识拓展

“司前夜鱼”的做法有诸多讲究，如不用煤气而用木柴烧火，这样既有农村风味，又弥漫着一丝甘香。除了白煮，还可以焖烧。

荷塘鱼腐扒菜胆

名菜故事

鱼腐是江门荷塘制作的远近闻名的特产。今天，荷塘鲜炸鱼腐甘香酥脆，香醇诱人，肉质鲜嫩、入口弹牙、鲜而不腥、油而不腻，营养极为丰富。

烹调方法

扒法

风味特色

鱼腐肉质鲜嫩、入口弹牙软滑，菜肴味道鲜美，成芡均匀油亮，色泽鲜艳

技术关键

1. 调味要合适，芡色要均匀。
2. 芡汁稍紧，便于铺在菜心上。
3. 小塘菜熟度要控制好，不宜过熟，以免影响质感。

知识拓展

勾芡时温度要控制在60~70℃为好，菜胆也可以选用白菜仔、菜心、生菜等。

原材料

主副料 炸鱼腐150克，小塘菜250克

调味料 精盐6克，味精3克，白砂糖2克，鸡粉1克，淀粉15克，绍酒15克，芝麻油1克，胡椒粉0.5克，食用油50克，蚝油3克，老抽1克

工艺流程

1. 小塘菜切改成（长约12厘米）菜胆。
2. 猛火烧镬，下清水、食用油、精盐，把小塘菜飞水至刚熟，倒出沥干水分，将小塘菜略下食用油、精盐、味精、白砂糖、鸡粉翻炒，整齐排列上碟作为底菜。
3. 烧镬下油，烹入绍酒，下二汤或清水，再下精盐、味精、蚝油、白砂糖、鸡粉、炸鱼腐略煮。
4. 用淀粉、胡椒粉、芝麻油勾芡，后下老抽调色，放入包尾油，把鱼腐铺在小塘菜上面便好。

陈皮虾

名菜故事

陈皮虾是江门地区一道较有特色的菜肴，采用新会陈皮作为副料，而且是用江门新会所产的大红柑的干果皮，为新会著名特产。由于它具有很高的药用价值，又是传统的香料和调味佳品，向来享有盛誉。

烹调方法

炸法

风味特色

色泽金黄，外香肉嫩，味道清甜咸鲜，有浓香的陈皮香味

技术关键

1. 基围虾炸前要滤干水分，要炸到金黄甘香，背部要直切一刀容易入味。
2. 爆炒时要注意火候，不要过火。
3. 陈皮水要煮够浓郁。

原材料

主副料 基围虾200克，新会九制陈皮20克

料　头 蒜蓉5克，洋葱米5克，葱花15克

调味料 精盐6克，味精3克，白砂糖2克，鸡粉1克，绍酒15克，芝麻油1克，胡椒粉0.5克，食用油1000克（耗油100克）

工艺流程

1 新会九制陈皮10克加水煮成陈皮水待用。九制陈皮10克切成陈皮粒状。

2 基围虾切去虾须、虾枪，在虾背部直切一刀。

3 烧镬下油，将虾放入油中，炸至金黄色干身捞起沥干油分。

4 起镬下洋葱米、蒜蓉爆香，下虾，烹入绍酒，下陈皮水，下精盐、味精、白砂糖、鸡粉、芝麻油、胡椒粉炒匀，最后放入葱花装盘便可。

知识拓展

美极虾、椒盐虾的制作方法与此相同。

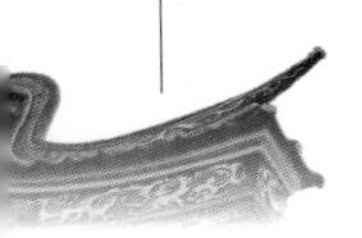

豉汁蒸脆肉鲩腩

名菜故事

脆肉鲩，原产于中山长江水库，是中山地理标志之一，利用水库的矿泉水，喂精饲料，运用活水密集养殖法养育成的名特水产品。因其肉质结实、清爽、脆口而得名，并远销港澳地区和南美部分国家。

烹调方法

蒸法

风味特色

肉质爽脆，味道鲜香，豉香浓郁

技术关键

1. 脆肉鲩腩要切成大小适中、均匀的粗条，洗净后要沥干水分。
2. 味汁的味要调准。
3. 装盘时原料不要堆叠在一起，以便受热均匀。
4. 掌握好蒸制的火候和时间。

原材料

主副料 脆肉鲩腩250克

料　头 蒜蓉5克，葱花10克，姜米5克，青红椒米共3克

调味料 精盐3克，味精2克，白砂糖2克，芝麻油2克，老抽2克，豉汁15克，淀粉10克，胡椒粉1克，食用油15克

工艺流程

1 脆肉鲩腩洗净，切粗条（直径6~8毫米，长4~6厘米），吸干水分，放在碗内。

2 烧镬下油，放入蒜蓉、姜米，小火炒至透香，调入豉汁、青红椒米、精盐、味精、白砂糖、芝麻油、老抽拌匀成味汁。

3 将调好的味汁放入碗内与脆肉鲩腩一起调味拌匀，再加入淀粉和匀摊放碟上，淋上食用油。

4 入蒸柜用旺火蒸约5分钟，取出，撒上胡椒粉，葱花，再淋上热油。

小榄炸鲮鱼球

名菜故事

小榄炸鲮鱼球是一道色香味俱全的传统名菜，属于粤菜广府菜系。起源于明代小榄山，由一群自北南下的难民传授下来。1979年这一届菊花会，小榄炸鱼球更是声名鹊起，名噪一时。

烹调方法

炸法

风味特色

色泽金黄色，外酥脆，内爽嫩，味鲜香

技术关键

1. 鱼肉要新鲜和必须沥干水分。
2. 要顺一个方向搅拌至有弹性，以搅拌为主，挞为辅。
3. 控制炸的火候和油温，先浸炸至熟，然后再慢慢升高油温炸至表面脆硬呈金黄色。

原材料

主副料 鲮鱼肉500克，腊肉粒（或肥肉粒）50克，清水200克

调味料 精盐8克，味精5克，胡椒粉1克，蒜蓉5克，淀粉100克，蚬蚧汁20克，陈皮5克，食用油1000克（耗油100克）

工艺流程

1. 鲮鱼肉洗净，吸干水分，切片后剁烂成蓉。
2. 鱼蓉放入盆里加入精盐、味精，顺一个方向搅擦至有黏性，边搅边挞，再加入胡椒粉、淀粉和清水拌匀，并挞至有弹性再加入腊肉粒（或肥肉粒）、蒜蓉、陈皮顺方向和均。挤成每粒约35克球状，放在涂了油的碟上。
3. 用旺火烧热炒镬，下鱼球浸炸约5分钟，放回炉上，转用大火将鱼球炸至熟透，表面呈金黄色，取出，摆放于碟上，食时以蚬蚧汁蘸食。

新会陈皮虫草花蒸滑鸡

名菜故事

新会陈皮虫草花蒸滑鸡是一道质感嫩滑且美味的菜肴，陈皮理气，虫草花滋补，搭配起来相得益彰。

烹调方法

蒸法

风味特色

色泽鲜艳，质感嫩滑，味道清甜咸鲜，别具风味

技术关键

1. 鸡块斩件刀工形状要均匀。
2. 鸡块拌味要均匀，蒸制时间要控制好，熟度要控制好，否则不嫩滑。

知识拓展

鸡块调味时要注意先后顺序，一般淀粉和油是后下的，不能过早。新会陈皮虫草花蒸排骨、新会陈皮虫草花蒸猪腰的制作方法与此相同。

原材料

主副料 光鸡400克，新会干陈皮20克，新会虫草花20克

料　头 姜片15克，短葱榄15克

调味料 精盐6克，味精3克，白砂糖2克，鸡粉1克，淀粉15克，绍酒15克，芝麻油1克，胡椒粉0.5克，蚝油3克，老抽1克，食用油30克

工艺流程

1 光鸡斩成“日”字形鸡块状，新会干陈皮用水泡软切丝，新会虫草花用水泡软待用。

2 鸡肉块下姜片、短葱榄和精盐、味精、白砂糖、鸡粉、蚝油、老抽、绍酒、芝麻油、胡椒粉拌匀，再下淀粉拌匀，后下食用油搅拌均匀。

3 最后平铺上碟，放入蒸柜用猛火蒸约8分钟至熟，取出便可。

陈皮乳鸽

名菜故事

陈皮乳鸽这道菜是选用新会陈皮作为副料，气味芳香。乳鸽的肉质细嫩、具有飞禽独特的肉香味，俗语说“一鸽胜九鸡”。乳鸽含有丰富的营养成分，肉厚而嫩。

烹调方法

炸法

风味特色

皮色大红，味道清甜咸鲜，有浓郁的陈皮香味

技术关键

1. 乳鸽斩件刀工形状要均匀。
2. 乳鸽腌制时间要足够。
3. 炸制油温要控制，熟度及色泽要均匀。

知识拓展

一般要选用饲养22~25天的乳鸽为佳。

原材料

主副料 光乳鸽1只（约300克），新会九制陈皮50克

料　头 姜片15克，葱条15克

调味料 新会干陈皮10克，精盐6克，味精3克，白砂糖2克，鸡粉1克，玫瑰露酒15克，芝麻油1克，胡椒粉0.5克，食用油1000克（耗油150克）

工艺流程

1. 提前将新会九制陈皮40克、新会干陈皮10克、姜片、葱条加清水煮10分钟成陈皮水，倒起晾凉。九制陈皮10克切成陈皮粒状。
2. 将乳鸽内外清洗干净，下精盐、味精、白砂糖、鸡粉、玫瑰露酒、芝麻油、胡椒粉、陈皮水腌制15分钟。
3. 滑镬，下油烧热，下乳鸽，慢慢浸炸至熟，至金黄色甘香捞起滤干油分。
4. 最后斩件装盘，撒上陈皮粒便可。

台山五味鹅

名菜故事

台山人喜咸，好味浓。驰名的汶村五味鹅就是最好的体现。用纯正台山汶村家养大的鹅，配以本地生产的花生油、白米醋、片糖、米酒和沙姜、八角、桂皮、陈皮按比例熬成的五味汁料，一同煮至鹅身充分吸收汁液。一口下去，五种味道和谐地在唇齿间交融，吞罢还久久留香。

烹调方法

焖法

风味特色

味道浓香，质感嫩滑，酱料香，别具风味

知识拓展

一般要选用饲养90天以上的鹅为佳，台山九狗仔鹅的制作方法与此相同。

原材料

主副料 光鹅1只（约3000克）

料　头 姜片15克，蒜子15克

调味料 精盐6克，味精3克，片糖40克，鸡粉2克，绍酒15克，芝麻油1克，胡椒粉0.5克，美极鲜生抽10克，老抽10克，柱候酱10克，海鲜酱10克、南乳10克、白米醋5克，食用油2000克（耗油200克），沙姜15克，八角5克，桂皮5克，陈皮5克

工艺流程

1. 光鹅内外清洗干净。
2. 鹅用老抽搽匀外皮，烧油炸制上色。
3. 烧镬下油，下姜片、蒜子、光鹅，烹入绍酒，下二汤，下调味料精盐、味精、片糖、鸡粉、绍酒、芝麻油、胡椒粉、美极鲜生抽、老抽、柱候酱、海鲜酱、南乳、白米醋，下沙姜、八角、桂皮、陈皮，卤煮至汁浓，鹅熟，用老抽调色。
4. 最后斩件装盘便好。

生炸石岐妙龄乳鸽

名菜故事

中山石岐鸽肉质鲜嫩多汁且带有丁香味。近年来中山粤菜厨师经改良将中山石岐出产的10~12天妙龄乳鸽用来生炸制作，此乳鸽骨头尚未完全钙化，皮薄而油少，肉质细腻软嫩，用于生炸最为上乘，成品色泽金黄偏红，皮脆肉嫩，汁液丰富，香气浓郁。

烹调方法

炸法

风味特色

皮脆肉滑，汁液丰富，甘香鲜美

技术关键

1. 掌握好腌制的时间，上糖皮后要放在通风处晾干。
2. 掌握炸制的火候，炸至皮色大红即可，不宜久炸以保持鸽肉的鲜嫩锁住肉汁。

原材料

主副料 光妙龄乳鸽2只（约400克）

调味料 腌乳鸽料20克，脆皮糖浆200克，喼汁75克，淮盐75克，食用油1500克（耗油100克）

工艺流程

1. 洗净的石岐乳鸽内外抹匀腌料粉，入保鲜冰箱腌制30分钟。
2. 将腌好的乳鸽放入沸水中烫约1分钟，冲去腌料粉的同时使表皮收紧，用漏勺捞出，控净水分。
3. 用脆皮糖浆均匀地淋在乳鸽身上，把上浆后的乳鸽用钢钩吊着挂起晾干。
4. 烧热炒镬，下油烧热，把乳鸽放在笊篱中，先用热油淋乳鸽内腔使其内外均匀受热，然后放入乳鸽炸至大红色成熟，取出沥油，斩件上碟，在碟中砌回鸽形，食时以淮盐、喼汁醮食。

陈皮扒大鸭

名菜故事

传统的陈皮扒大鸭，是用正宗的新会陈皮与麻鸭子经过长时间烹饪炖制而成的陈皮鸭汤，对于我们一些没有条件做传统陈皮鸭的异乡游子来说，也可以选用一般陈皮来做，味道虽没家乡的那么纯正，但也足以满足思乡之情了。

烹调方法

扒法

风味特色

色泽金黄，味道浓香，质感嫩滑

技术关键

1. 炸制上色要均匀。
2. 蒸制时间要控制好，注意成熟程度。
3. 勾芡要均匀，调味要准确。

原材料

主副料 光麻鸭2000克，菜心6条

料　头 姜片15克，葱度15克

调味料 精盐6克，味精3克，鸡粉2克，绍酒15克，芝麻油1克，胡椒粉0.5克，美极鲜生抽10克，老抽10克，冰糖30克，淀粉5克，食用油2000克，陈皮50克

工艺流程

1 将菜心切去头尾成郊菜形状。光鸭清洗干净，用开水烫5分钟捞出，皮面抹上老抽。

2 烧镬下油，放入鸭炸至金黄色时捞出。

3 光鸭腹部向下放入盆内，下二汤、陈皮、姜大片、葱度、精盐、味精、鸡粉、绍酒、芝麻油、胡椒粉、美极鲜生抽、老抽、冰糖，上蒸柜蒸熟取出。

4 拣出葱度、姜片、陈皮，将汤汁倒出，把鸭骨剔掉，保持头部和颈部骨。菜心飞水至熟摆在鸭两边。

5 原汤汁倒入镬内，用淀粉勾芡，老抽调色，包尾油淋在鸭身上便好。

神湾菠萝子姜炒鸽片

名菜故事

盛产于中山神湾的菠萝，皮薄肉厚，肉细爽脆无渣，甜蜜清香而无酸。神湾菠萝子姜炒鸽片用子姜和菠萝搭配合炒再配上中山著名的乳鸽，以适量的糖醋调味，具有开胃、解腻之妙效，是中山特色风味菜肴之一。

烹调方法

炒法

风味特色

味酸甜，芡色嫣红，味鲜肉嫩

技术关键

1. 神湾菠萝用精盐水浸泡可以去菠萝蛋白酶，使其更美味。
2. 掌握好鸽片泡油的油温，使鸽片嫩滑，菠萝加热时间不宜过长，否则菠萝会变酸，影响味感。

原材料

主副料 乳鸽肉200克，神湾菠萝100克，子姜片50克，青红椒片共30克

料　头 蒜蓉2克，姜片5克，葱榄10克

调味料 精盐5克，糖醋30克，鸡蛋清20克，淀粉30克，食用油750克（耗油75克）

工艺流程

1. 神湾菠萝去皮、钉，切薄片，用精盐水浸泡约30分钟取出，飞水至热取出，鸽肉切成薄片，用精盐、鸡蛋清、淀粉拌匀。
2. 烧镬下油，放入鸽片泡油至刚熟，倒起沥油，镬中接着下蒜蓉、姜片、葱榄、青红椒片爆香，加入子姜片炒至刚熟，再放入鸽片、菠萝片，调入精盐、糖醋炒匀，用淀粉勾芡，加入包尾油炒匀上碟。

凉瓜炒牛肉

名菜故事

凉瓜炒牛肉是一道美味可口的菜肴，质感嫩滑，味道咸鲜。采用的是江门地区较有名的杜阮凉瓜，由于杜阮一带多为沙质土壤，十分适宜种植凉瓜，且瓜型也有别于其他地方，当地人称之为大顶瓜或“柿饼蒂”。杜阮凉瓜肉厚色绿，味微苦而甘，爽脆无渣。

烹调方法

炒法

风味特色

凉瓜片青绿，牛肉嫩滑

技术关键

牛肉厚薄要均匀、凉瓜皮刀工形状要均匀。

原材料

主副料 杜阮凉瓜300克，牛肉200克

料　头 蒜蓉10克，姜指甲片15克，短葱榄15克

调味料 豉汁5克，食粉0.8克，精盐6克，味精3克，白砂糖2克，鸡粉1克，淀粉15克，绍酒15克，芝麻油1克，胡椒粉0.5克，蚝油3克，老抽1克，食用油1000克（耗油50克）

工艺流程

1. 凉瓜开边去瓤切成长约6厘米“日”字形厚凉瓜片。
2. 牛肉按横纹切成约长6厘米、宽3厘米、厚0.2的薄片，用少量食粉、精盐、味精、淀粉、花生油略腌制。
3. 烧镬下油，将牛肉放进油中泡油至刚熟捞起。
4. 凉瓜片加少量油、白砂糖飞水至仅熟捞起。
5. 下蒜蓉、姜指甲片、短葱榄、豉汁炒香，然后下凉瓜片、牛肉，烹入绍酒翻炒。
6. 下适量精盐、味精、白砂糖、鸡粉、蚝油及清水调味炒匀，后用淀粉加麻油和胡椒粉勾芡，最后下包尾油，装盘。

陈皮骨

主副料 排骨500克，鸡蛋1只

料　头 姜片15克，葱条15克

调味料 食粉1克，精盐6克，味精3克，白砂糖2克，鸡粉1克，淀粉15克，玫瑰露酒15克，芝麻油1克，胡椒粉0.5克，吉士粉5克、面粉20克，食用油1000克（耗油100克），新会九制陈皮50克，新会干陈皮10克

名菜故事

陈皮骨是江门地区一道较有特色、美味可口的菜肴。陈皮的甘甜融入外酥里嫩的排骨当中，完美解腻。

烹调方法

炸法

风味特色

色泽金黄，味道甘香咸鲜，有浓郁的陈皮香味

技术关键

1. 排骨斩件刀工形状要均匀。
2. 排骨腌制时间要足够，才能入味。

工艺流程

1 新会九制陈皮40克、新会干陈皮10克、姜片、葱条加清水煮10分钟成陈皮水，倒起晾凉。九制陈皮10克切成陈皮粒状。

2 排骨斩成长约6厘米“日”字形块，然后用清水漂水吸干水分，下食粉、精盐、味精、白砂糖、鸡粉、玫瑰露酒、芝麻油、胡椒粉、陈皮水腌制15分钟。

3 排骨加入鸡蛋、吉士粉、面粉、淀粉进行上粉拌匀。

4 烧镬下油，将排骨放入油中，浸炸至熟，至金黄色干身捞起滤干油分，最后装盘并撒上陈皮粒便可。

沙溪扣肉

名菜故事

沙溪扣肉是广东中山沙溪所有酒楼食店甚至一般家庭均懂得制作的传统名菜，属于粤菜广府菜系。

烹调方法

蒸法（扣蒸法）

风味特色

鲜香，丰腴甘香，肥而不腻

原材料

主副料 带皮五花肉400克，荔浦芋头400克

料　头 蒜蓉15克，姜米20克

调味料 精盐5克，味精3克，白砂糖20克，南乳15克，柱候酱10克，老抽10克，绍酒15克，淀粉10克，五香粉5克，食用油750克，沙溪蒌叶10克，紫苏5克，芫荽5克，柠檬叶5克

工艺流程

1 将五花肉洗净，切成两大块，放入锅中加水煲至七成熟后，取出，抹干表面的油脂和水分趁热在猪皮上涂老抽、打孔，荔浦芋头去皮，切成长6厘米、宽3厘米、厚0.5厘米的厚件。

2 烧镬下油，放入五花肉炸至表皮呈大红色，取出。然后将荔浦芋头炸至金黄色松身，取出备用。

3 将炸好的五花肉放入清水中浸漂，浸到皮皱起来为好，取出，切去焦肉部分，改成与芋件大小相等的件。

4 烧热炒镬，下食用油，放入南乳、柱候酱、蒜蓉、姜米爆香，烹入绍酒，加精盐、味精、白砂糖、生抽、五香粉和切碎的沙溪蒌叶、紫苏、芫荽、柠檬叶制成沙溪扣肉酱料。

5 将切好的五花肉和芋件在煮好的酱料中拌均匀，取少许酱料放在鸡公碗底，然后将扣肉和芋头相夹排砌在鸡公碗中，用中火将扣肉蒸至脍。

6 将蒸脍的扣肉取出，用另一个鸡公碗压住扣肉，翻扣，在扣肉面上撒少许白砂糖。

技术关键

1. 五花肉烹制时要掌握好熟度，要求有皮的一面煮得能用筷子轻轻插进去。
2. 掌握好炸制的火候和油温，芋头要炸透身。
3. 浸漂五花肉时皮皱即捞起。
4. 掌握蒸的时间，要蒸至扣肉熟透。

知识拓展

沙溪扣肉这种菜式首先讲究选料，所选猪肉既不能太肥也不能太瘦，以偏肥的“五花腩”为首选。做沙溪扣肉时一定要放沙溪萎叶，沙溪扣肉如果没有萎叶的话，识味之徒就不认为是正宗沙溪扣肉了。

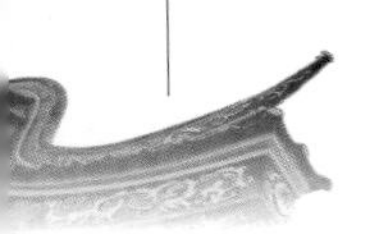

陈皮蒸牛肉饼

名菜故事

陈皮蒸牛肉饼这道菜是采用新会陈皮作为副料，拌入陈皮的牛肉，肉味浓郁，而且鲜味十足，蒸牛肉肉质嫩滑不老，加爽口的马蹄，是一个很好下饭的家常菜。

烹调方法

蒸法

风味特色

色泽鲜艳，肉质嫩滑，味道咸鲜

技术关键

1. 牛肉不要剁过于糜烂，肉质质感才爽滑。
2. 应用中火蒸制，色泽才鲜明，肉质才弹性及多汁。
3. 蒸熟之后需淋热油才能将肉香味带出。

知识拓展

剁牛肉时要吸干水分，否则容易松散影响质感。陈皮蒸猪肉饼的制作方法与此相同。

原材料

主副料 牛肉300克，肥肉20克，干陈皮10克，马蹄20克，鸡蛋清1只

料　头 葱花5克

调味料 精盐6克，味精3克，白砂糖2克，鸡粉1克，淀粉15克，绍酒15克，芝麻油1克，胡椒粉0.5克，生抽1克，食用油20克

工艺流程

1. 用水浸泡陈皮变软切粒，马蹄轻拍及切碎，将牛肉、肥肉剁碎。
2. 准备一只碗，下牛肉、肥肉、精盐、味精、白砂糖、鸡粉、绍酒、生抽、淀粉、胡椒粉、鸡蛋清及水拌匀，挞至起胶。
3. 再下陈皮粒、马蹄粒及少量食用油、芝麻油拌匀。
4. 将牛肉放到碟上，用中火蒸5~8分钟至刚熟，撒上葱花，淋热油便可。

牛腩汤面

名菜故事

外海面是广东江门经典的传统面食小吃，属于粤菜系。在江门，一讲到面食，人们就会想到外海面。外海面有百年以上的历史，最初因产于外海而得名，又称“外海竹升面”。以前，人们制作外海面时需用“竹升”弹压面团以增加面的筋度，使面条富有弹性。如今，外海人制作外海面时，大部分工序已使用机器。外海面以其制作精细和风味独特而闻名，成为江门一种独具特色的传统食品，在珠三角也有一定的品牌知名度。2007年，外海面制作工艺成为第一批江门市级非物质文化遗产。

烹调方法

煮法

风味特色

面条爽口弹牙，牛腩浓香嫩滑，汤水味道鲜美

知识拓展

猪手汤面、肉片汤面的制作方法与此相同。

原材料

主副料 焖熟牛腩50克，外海面100克，菜心4条

调味料 精盐5克，味精3克，白砂糖5克，鸡粉1克，芝麻油1克，胡椒粉0.5克，食用油20克

工艺流程

1. 菜心切去头尾成郊菜。
2. 牛腩放进镬内飞水切件。热镬下油、姜片、柱候酱、海鲜酱、花生酱、芝麻酱、豆瓣酱、牛腩，爆香后，烹酒，下汤水，下精盐、味精、鸡粉、芝麻油、胡椒粉、生抽、片糖、蚝油及陈皮、八角，加盖焖制熟待用。
3. 面条放入沸水中煮至刚熟及松散捞起，放入汤碗里。
4. 菜心加少许食用油、精盐飞水至仅熟放在面条周边。
5. 放入适量的二汤，下精盐、味精、白砂糖、鸡粉、芝麻油、胡椒粉调味倒入装有面条的汤碗里，最后将牛腩略加热放到面条上便好。

技术关键

1. 牛腩熟度及味道要控制好。
2. 汤水调味要准确。
3. 煮面时火要猛，水要开，而且开得均匀，熟度要均匀。

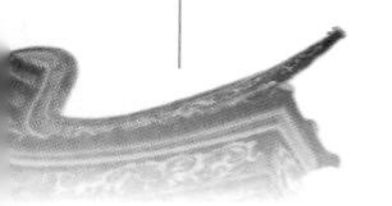

腐乳蒸豆角茄瓜

主副料 茄瓜300克，豆角300克

料　头 青红尖椒丝各20克，蒜蓉10克，姜丝15克，葱花15克

调味料 精盐6克，味精3克，白砂糖2克，鸡粉1克，淀粉15克，绍酒15克，开平水口腐乳30克，芝麻油1克，胡椒粉0.5克，食用油30克

名菜故事

腐乳是开平水口特产，历史悠久。它是用豆腐为原料，经过发酵、加精盐、加料等工序制成。特点是酥化、咸度适中，香味诱人，是佐餐的极好小菜，也可以作为烧菜佐料，使烧出来的菜味更加可口。

烹调方法

蒸法

风味特色

色泽鲜艳，质感软滑脆嫩，味道咸鲜，别具风味

工艺流程

1. 茄瓜去皮切成6~7厘米长条状，豆角也切成6~7厘米长段状。
2. 烧镬下油，放入茄瓜炸至软熟，再下豆角略炸捞起。
3. 起镬，下水烧沸，下茄瓜、豆角略过水，捞起滤干水分。
4. 用一个小碗将腐乳下精盐、味精、白砂糖、鸡粉、绍酒、芝麻油、胡椒粉调成味汁。
5. 将炸好的茄瓜、豆角下调好的味汁、青红尖椒丝、蒜蓉、姜丝拌匀，再入淀粉拌匀，后下食用油搅拌均匀。
6. 最后上碟摆好造型，放入蒸柜用大火蒸2~3分钟，取出撒上葱花淋热油便可。

技术关键

1. 茄瓜、豆角刀工规格要均匀。
2. 茄瓜、豆角炸制油温要合适。

知识拓展

茄瓜调味时要注意先后顺序，一般淀粉和油是后下的。

煎酿凉瓜

名菜故事

煎酿凉瓜是选江门杜阮凉瓜作为主料，鲮鱼胶为副料的。凉瓜爽脆，鱼肉弹牙，搭配起来风味独特。

烹调方法

煎法

风味特色

味道微有焦香、咸鲜，肉软嫩脍，造型美观

技术关键

1. 煎焖结合，先煎后焖，以煎为主。
2. 凉瓜件酿肉馅必须酿紧牢。

原材料

主副料 凉瓜300克，鲮鱼胶200克

料　头 青红尖椒米各20克，蒜蓉10克，姜米15克，葱花15克

调味料 豉汁10克，精盐6克，味精3克，白砂糖2克，鸡粉1克，淀粉15克，绍酒15克，芝麻油1克，胡椒粉0.5克，蚝油3克，老抽1克，食用油30克

工艺流程

1. 凉瓜切成2厘米长段的圆件状，略飞水至八成熟捞起，吸干水分，在内侧撒上一层薄的淀粉，酿入鲮鱼胶，湿水抹滑酿口，再拍上淀粉。
2. 烧镬下少量油，酿好凉瓜肉馅朝下排在油热镬内，用中慢火煎两面至金黄色捞起。
3. 下蒜蓉、尖椒米、姜米、豉汁，烹入绍酒，下水，下精盐、味精、白砂糖、鸡粉、蚝油调好味，下凉瓜件略焖片刻入味，捞起上碟摆好。
4. 再用淀粉加芝麻油、胡椒粉勾芡，下少量老抽调色拌匀，包尾油，淋在凉瓜件上便好。

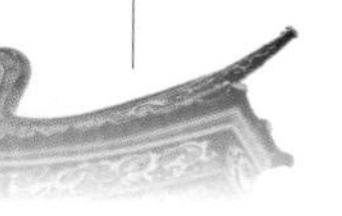

芋仔焖腊味

名菜故事

芋仔，质感软滑，味道甜香，易于消化而不会引起中毒，是一种很好的碱性食物。

烹调方法

焖法

风味特色

味浓香咸鲜

技术关键

1. 芋仔要蒸熟透，焖制时间不宜过长，否则太烂影响质感。
2. 腊肠、腊肉刀工形状要均匀。
3. 芡汁要均匀，调味要准确。

知识拓展

腊肠、腊肉要蒸软后再切片，以保证质感。芋仔焖腊鸭、芋头焖腊味的制作方法与此相同。

原材料

主副料 芋仔300克，腊味（腊肠、腊肉）各100克

料　头 蒜蓉10克，姜指甲片15克，短葱榄15克，香芹段30克

调味料 精盐6克，味精3克，白砂糖2克，鸡粉1克，淀粉15克，绍酒15克，芝麻油1克，胡椒粉0.5克，蚝油3克，老抽1克，食用油30克

工艺流程

1. 芋仔洗净蒸熟，去皮切成件状，腊肠、腊肉上碟蒸软熟，用斜刀法切成厚片状。
2. 烧镬下少量食用油，下蒜蓉、姜指甲片、短葱榄，烹入绍酒，下水，下精盐、味精、白砂糖、鸡粉、蚝油调好味，下芋仔、腊肠、腊肉略焖片刻入味，再放入香芹段拌匀，再用淀粉加芝麻油、胡椒粉勾芡。
3. 最后下少量老抽调色拌匀，包尾油，放烧热的煲仔中便好。

都斛菜花炒腊肉

名菜故事

台山都斛菜花，以花大如盆，色白似玉，味甜脆口而获得盛名。

烹调方法

炒法

风味特色

质感鲜嫩，营养丰富，配上腊肉更显风味、香味更浓

技术关键

1. 炒制时火候要控制好，熟度及色泽要均匀。
2. 调味、勾芡要均匀。

原材料

主副料 都斛菜花250克，腊肉100克

料　头 姜指甲片5克，蒜蓉5克，短葱榄5克

调味料 精盐5克，味精3克，白砂糖5克，鸡粉1克，芝麻油1克，胡椒粉0.5克，绍酒15克，食用油10克，淀粉10克

工艺流程

1. 菜花用刀掰成小朵，清洗干净。
2. 腊肉蒸熟软后切成片状。
3. 烧镬下油，将腊肉放进油中略泡油至甘香捞起。
4. 将菜花加少量食用油、精盐飞水至仅熟捞起。
5. 下蒜蓉、姜指甲片、短葱榄炒香，然后下菜花、腊肉，烹入绍酒翻炒。
6. 下适量精盐、味精、白砂糖、鸡粉及清水调味炒匀，后用淀粉加芝麻油和胡椒粉勾芡，最后包尾油，装盘。

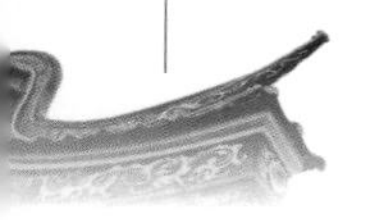

中山钵仔禾虫

名菜故事

钵仔禾虫是广东中山一道传统名菜。禾虫的民间烹调方法甚多，或煎、炖、煲鲜禾虫，或晒禾虫干、腌制禾虫酱。中山是鱼米之乡，水稻种植面积大，田里当然也少不了禾虫，中山人以及广东人吃禾虫的风气由来已久。

烹调方法

蒸法

风味特色

焦香可口，软滑香浓

知识拓展

中山沙田广阔，历来盛产禾虫，每年上半年立夏至小满，下半年寒露至霜降的节令之间，禾虫钻出泥面，这时用网具装捕。

原材料

主副料 禾虫250克，鸡蛋2只，半肥瘦叉烧丝50克，油条（切薄片）25克

料　头 炸蒜蓉35克，榄角粒10克

调味料 鸡粉2克，味精3克，胡椒粉1克，片糖粉3克，花生油20克，陈皮幼丝3克

工艺流程

1 禾虫洗净后，用洁净毛布吸干水分。

2 把禾虫放在瓦钵内加入蒜蓉、鸡粉、花生油，搅拌匀使禾虫爆浆，再加入油条薄片、半肥瘦叉烧丝、榄角粒、陈皮幼丝，再以味精、片糖粉、胡椒粉、鸡蛋调味和匀。

3 将瓦钵放在蒸柜内，用中火蒸至熟，取出，再将瓦钵放在煲仔炉上慢火焙干水分至有焦香味，在面上撒上胡椒粉即可。

技术关键

1. 禾虫吸干水分时要轻力，以免禾虫爆浆。
2. 掌握好蒸制的火候和时间。
3. 焙干时要不停转动瓦钵，慢慢烘干水分。

（七）阳江风味菜

香煎一夜埕

名菜故事

该菜诞生源头，是由于当年的渔船还没有像现在这样的先进的保鲜设备，渔民在出海打鱼的时候，来回要好几天，由于打上的海鱼容易变质，就将海鱼整条扔进装着海盐的埕（一种陶制器皿）中腌着，以达到保鲜的效果。待鱼在埕里腌了一夜之后再取出来烹饪食用，故而称之为“一夜埕”。由于“一夜埕”的腌制时间为“一夜”，因此，阳江民众也将“一夜埕”称为“一夜水”。由于风味独特，咸淡适中，加上腌制简单，“一夜埕”已成为阳江大小酒店和老百姓家里的必备菜肴。

烹调方法

煎法

主副料 盐腌刀鲤2条（约400克）

料　头 姜片5克

调味料 胡椒粉0.5克，芝麻油1克，食用油100克

工艺流程

1 把盐腌刀鲤洗净表面的盐，用刀横切成约1厘米厚的件。

2 起镬，爆香姜片，把刀鲤件排入镬中煎至金黄色，再翻过来把另外一面也煎至金黄色。

3 均匀撒入少许胡椒粉，滴入少许芝麻油。

4 取起，整齐摆于碟中。

技术关键

1. 刀鲤需要提前一天宰好，用盐腌制入味。
2. 煎时要用中慢火搪镬煎制。

知识拓展

此菜适于下酒，也常作为白粥的配菜。

风味特色

色泽金黄，干爽无汁，质感外酥里嫩，味道咸香鲜美

生死恋（鲜鱼蒸咸鱼）

名菜故事

“生死恋”是阳江近年时兴的一道菜肴，其实就是咸鱼蒸鲜鱼，咸鱼与鲜鱼蒸出来的鱼汁，浸着细细的姜丝，用以下饭，令人回味无穷。

烹调方法

蒸法

风味特色

鲜鱼和咸鱼相夹，味道咸香鲜美

知识拓展

此菜鲜鱼也可以换其他鱼来制作。

原材料

主副料 白鲳1条（约750克），马鲛咸鱼段100克

料　头 姜丝2克，葱丝2克，辣椒丝1克，姜片5克

调味料 精盐2克，胡椒粉0.5克，蒸鱼豉油30克，花生油80克

工艺流程

1. 白鲳宰好，冲洗干净。
2. 白鲳横切成厚约2厘米的件，加入精盐拌匀。
3. 马鲛咸鱼清洗干净，原段横切成薄片。
4. 把白鲳件按鱼原形摆在碟中造型，在每两件白鲳件中间夹入一片马鲛咸鱼薄片，上面放上姜片。
5. 放入蒸笼猛火蒸8分钟，取出，倒掉原汁，去掉姜片，撒上胡椒粉、姜丝、葱丝、辣椒丝，淋入热油，然后在碟边淋入蒸鱼豉油。

技术关键

1. 咸鱼片和白鲳件要相间摆碟，鱼头、鱼尾摆于两端成鱼形。
2. 蒸时要用猛火。

白灼泥蚶

名菜故事

泥蚶又叫粒蚶、血蚶，是双壳类海产动物，每年11月上旬至12月中旬为最佳产季，此时蚶肉最为肥美鲜嫩，血多味美。阳江是广东省养殖泥蚶的主产区，尤其江城平冈泥蚶养殖业较发达，产品畅销港澳及省内外市场。

烹调方法

灼法

风味特色

质感嫩滑，味道鲜甜，原汁原味

原材料

主副料 泥蚶500克

料　头 姜片5克，葱条5克

调味料 白醋50克，辣椒酱20克，绍酒10克，食用油50克

工艺流程

1 泥蚶表面的泥尘杂质刷洗干净。

2 烧热炒镬，用食用油滑镬，放进姜片、葱条爆香，烹入绍酒，加入汤水滚出姜葱味。

3 捞起姜片、葱条，放入泥蚶灼至壳略张开即捞起装盘。

4 跟上白醋、辣椒酱做佐料。

技术关键

1. 蚶要活养一段时间使它吐净泥沙，并刷洗干净表面。
2. 白灼时用猛火加热。

知识拓展

该菜也可以起肉后再白灼，白灼后需用姜葱略为爆炒。

盐焗生蚝

名菜故事

程村蚝产于阳江程村，是牡蛎的一个地方种，其特点是体大，味道鲜甜，色泽奶白光洁。每到上市季节，各店家大都经营蚝宴，他们对蚝的做法极为讲究，焖、烤、煲、焗，五花八门，各有千秋。但无论哪种做法，都讲究一个“土”字，土食材，土做法，固守着最原始、最正宗、最具自然风味的烹饪手法，保留着蚝的原汁原味。

烹调方法

焗法

风味特色

质感爽滑，味道鲜美，蚝香浓郁，突出盐焗风味

知识拓展

程村有名的全蚝宴做法多样，如原味炊蚝、鸡煲蚝、碳烧蚝、茶叶蚝、串烧蚝、蚝饭等。

原材料

主副料　生蚝肉500克

料　头　姜米3克，葱粒3克

调味料　精盐2克，味精5克，白砂糖3克，胡椒粉2克，盐焗鸡粉5克，芝麻油5克，粗盐2000克

工艺流程

1 生蚝肉用少量精盐拌匀，用清水冲洗干净表面。

2 生蚝肉放入开水中迅速飞水。

3 蚝肉放盆内，下精盐、味精、白砂糖、胡椒粉、盐焗鸡粉、姜米、葱粒、芝麻油拌匀后，用锡纸包起来。

4 镬内放入粗盐炒至灼热，倒入砂锅内，将包好的生蚝埋入热盐中加盖焗约15分钟，取出，从中间剪开锡纸即可上桌。

技术关键

1. 生蚝在开壳取肉时混有较多的壳屑杂质，所以要先清洗干净表面杂质。
2. 生蚝在拌味腌制前要先飞水，去除多余的水分，以免影响焗时香味的产生。

椒盐濑尿虾

名菜故事

濑尿虾别名又叫琵琶虾、皮皮虾、螳螂虾、虾蛄等，阳江习惯称为虾婆、虾婆弹，也是阳江的主要海产之一。每年春季是其产卵的季节，此时食用为最佳。肥壮的濑尿虾脑部满是膏脂，肉质十分鲜嫩，味美可口。

烹调方法

炸法

风味特色

壳酥脆肉爽滑，味道咸香鲜美、微辣，镬气足

知识拓展

该菜以选用背部有膏的母虾为最佳。

主副料 濑尿虾500克

料 头 姜米3克，葱花3克，蒜蓉5克，红圆椒5克

调味料 精盐2克，味精6克，白砂糖3克，椒盐5克，芝麻油5克，食用油1000克（耗油80克）

工艺流程

1. 濑尿虾清洗干净。
2. 濑尿虾放入油镬内炸至酥脆，捞起沥干油分。
3. 把精盐、味精、白砂糖、椒盐、芝麻油、姜米、蒜蓉、红圆椒一起混合成椒盐料。
4. 烧热炒镬，用油滑镬，放进椒盐料爆香，放入濑尿虾，烹酒翻炒均匀，最后撒上葱花即可出镬，装盘。

技术关键

1. 炸时油温要高，才能达到酥脆的效果。
2. 爆炒椒盐料注意火候，以中慢火为宜，避免炒焦。

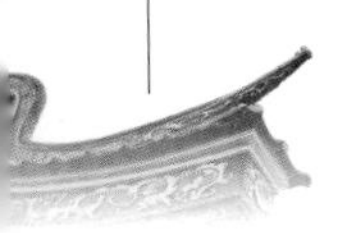

栋焗尖山蟹

名菜故事

尖山蟹的特质：重壳，肉质细嫩，味道鲜美，因而远近闻名，四方食客接踵而至，百食不厌。特别在深秋季节，尖山蟹正是换壳的时候，在未长出新壳前，它们通身柔软，烹制后松软酥脆，肉质更加细嫩，味道更加鲜美。当地最有特色的做法是栋焗，“栋”，阳江土话，意为竖起的意思，选用肥壮重壳尖山蟹冲洗干净，从中间横砍开，然后将截面竖放进油镬里，加入姜、葱及调料一起煎焗成菜。

烹调方法

焗法

风味特色

蟹壳薄脆，肉肥膏满，鲜美极致，蟹香浓郁

原材料

主副料 尖山青蟹500克

料　头 蒜蓉5克，姜片15克，葱度10克

调味料 精盐3克，胡椒粉1克，芝麻油5克，绍酒10克，食用油50克

工艺流程

1. 尖山蟹表面洗刷干净，去除蟹盖，从中间横斩断成两段。
2. 滑镬，放进蒜蓉、姜片爆香，将蟹件切口朝下置于镬中，烹酒，加盖焗至仅熟，再放入葱度、精盐、芝麻油、胡椒粉和少量水稍焗。
3. 取出，切口朝下排于碟中。

技术关键

1. 蟹本身有咸味，调味时精盐用量要少些。
2. 蟹需充分洗刷干净。
3. 以中慢火焗制，竖放入镬焗更易熟，香味更足。

知识拓展

栋焗同样适用于制作花蟹和其他蟹类。

三丝炒鱼面

名菜故事

鱼面是闸坡渔港名菜之一，俗称敲鱼面。所谓敲鱼面就是在制作时需通过反复敲打的方式使得鱼青变得紧实有弹性，才能最终摊成薄似纸张的圆形鱼面坯子，熟后用刀切成面条一般细丝。鱼面一般吃法是炒或者清汤煮，其成菜爽滑而弹性足。

烹调方法

炒法

风味特色

色泽鲜明多彩，鱼面质感爽滑有弹性，味道清鲜

技术关键

1. 鱼青蓉要先加精盐搓擦起胶。
2. 拍打前要先在表面撒上淀粉。

原材料

主副料 马鲛鱼1000克，水发木耳50克，胡萝卜20克，西芹20克

料　头 蒜蓉3克，姜丝3克，葱度3克

调味料 精盐8克，白砂糖3克，味精6克，胡椒粉1克，芝麻油2克，绍酒5克，淀粉50克，食用油500克（耗油30克）

工艺流程

1 马鲛鱼起肉，刮鱼青，加淀粉搓擦起胶。

2 擀成薄饼状，洗净表面多余的粉后放入微沸的热水锅中煮熟，捞起冷却后切丝，即制成鱼面。

3 把木耳、胡萝卜、西芹切成中丝。

4 把胡萝卜丝、西芹丝飞水，木耳丝滚煨，备用。

5 把鱼面放入100℃油镬中泡油，捞起沥油备用。

6 原镬放进蒜蓉、姜丝爆香，放进木耳丝、胡萝卜丝、西芹丝、鱼面，烹酒，炒匀，下精盐、白砂糖、味精，最后将淀粉、胡椒粉、芝麻油调匀倒入勾芡，加包尾油炒匀，出镬装盘。

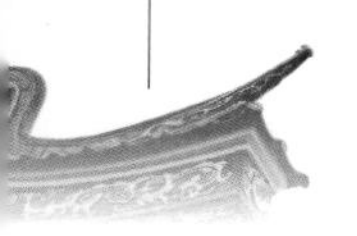

家乡炆鹅

名菜故事

阳江黄鬃鹅和开平马冈鹅、潮汕狮头鹅、清远乌鬃鹅并称为广东四大名鹅。其个头小、早熟、易肥、肉嫩，且皮薄肉厚。“炆”是阳江土话，即是蒸的意思，以炆鹅酱、茴香、南乳、葱、姜等配料将鹅进行腌制，再放入锅里蒸，出锅后斩件上碟，为大小宴席必备菜品。

烹调方法

蒸法

风味特色

鹅肉肥嫩多汁，味美鲜香，酱香浓郁、醇厚，带有香料的清香

技术关键

1. 鹅在腌制前要先煎制上色，且鹅皮淋热水后要趁热涂上老抽。
2. 蒸鹅过程中以中慢火为主，隔水蒸。

主副料 光鹅1只（约3500克）

料　头 蒜蓉5克，姜片10克，葱条10克

调味料 精盐30克，白砂糖20克，味精30克，芝麻油5克，绍酒20克，腐乳2块，炆鹅酱20克，老抽5克，柱候酱15克，食用油100克，花生油50克，甘草2克，八角5克，陈皮5克，小茴香3克，五香粉3克

工艺流程

1. 光鹅清洗干净。
2. 锅内烧开水，将鹅表皮淋一遍，再抹干水分，趁热在鹅皮涂上老抽。
3. 烧热炒镬，用食用油滑镬，把鹅放入煎至皮色金黄，取出备用。
4. 把精盐、白砂糖、花生油、芝麻油、腐乳、炆鹅酱、柱候酱、蒜蓉、甘草、八角、陈皮、小茴香、五香粉放入碗内调匀成为炆鹅酱料。
5. 把炆鹅酱料均匀地涂满鹅的全身和内膛，然后把姜片和葱条塞入鹅内膛，淋入绍酒，腌制4小时左右。
6. 用盆盛装鹅，放入蒸柜内蒸1小时左右，取出，斩件，淋上原汁，装盘完成。

阳春风姜鸡

名菜故事

风姜又名高良姜，产于广东高良即现今广东阳春阳江一带。风姜鸡，阳春人称月婆鸡，是产妇坐月期间必备的补身汤品，其中以阳春合水高流河一带制作的最出名。在当地大小饭店都以风姜鸡为招牌菜，其主要原料是风姜和走地鸡，煲制方法和风姜的处理都很讲究。

烹调方法

煲法

风味特色

汤味浓厚鲜醇，风姜味足，辣而不燥，鸡肉鲜美带有一定的嚼劲

技术关键

1. 风姜宜选用三年以上的老风姜。
2. 此菜非常讲究火候，原则上煲的时间越长其食补效果越佳。

原材料

主副料 鸡项1只（约1750克），风姜300克，猪筒骨1000克，老母鸡肉750克，清水5000克

调味料 精盐15克，米酒2000克，味精10克，胡椒粉2克

工艺流程

1. 风姜洗刷干净表面的泥土，用刀拍裂。
2. 拍裂后的风姜块放入砂锅内，加入大量的清水煲至水开后继续加热半个小时后捞出风姜块用冷水浸泡数小时，换水再煲再浸，如此重复三次。
3. 猪筒骨洗干净用刀敲裂后飞水，老母鸡肉斩成大块，飞水备用。
4. 鸡项宰好，冲洗干净，斩成块备用。
5. 把处理好的风姜重新放入大汤煲内，加入猪筒骨、老母鸡块、米酒和清水猛火煲开后改为慢火煲8~10小时后捞出老母鸡块和猪筒骨渣，再放入鸡块煲约40分钟，撇去汤面浮油，下精盐、味精、胡椒粉调味即可原煲上菜。

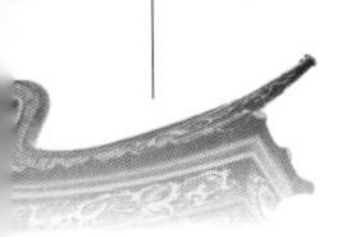

阳江河堤白切鸡

名菜故事

河堤一带是阳江特色白切鸡的发源地，这里可以说是阳江最古老的宵夜圣地，市井文化的代表。河堤白切鸡选料以骟鸡为主，以鲜醇浓咸的浸鸡汤底来减少鸡肉鲜味的流失，保证了鸡味的纯正，鸡的浸煮时间略长，几乎无骨髓带红的现象。

烹调方法

浸法

风味特色

鸡味咸鲜，皮色金黄油亮，皮脆肉爽有一定嚼劲，配沙姜油吃回味无穷

技术关键

1. 浸鸡过程中要加盖熄火浸制，如果持续加热，易造成鸡鲜味溶出，味道变差，质感变老。
2. 浸熟后再浸冷汤可促使鸡皮迅速收缩变脆。

主副料 本地骟鸡1只（约2000克）

料　头 芫荽10克，鲜沙姜20克，姜块50克，葱条30克

调味料 精盐2250克，味精600克，绍酒20克，鲜汤30千克，冷汤5000克，生抽王30克，花生油20克，食用油100克，黄栀子2个

工艺流程

1. 制作浸鸡底汤：烧热炒镬，用食用油滑镬，放进姜块、葱条爆炒至金黄，烹酒，倒入汤桶内，加入鲜汤、黄栀子，烧滚后下精盐、味精、绍酒慢火熬至味料溶解。
2. 骟鸡宰好，冲洗干净。
3. 手提鸡颈浸入汤中，再提起把鸡腹内的汤水放出来，如此反复三到四次，最后把鸡完全浸没于汤水中加盖熄火浸约40分钟。
4. 把鸡取出，放入冷汤中浸至冷却。
5. 把鲜沙姜剁成碎粒，淋入热花生油，再倒入生抽王调成味碟。
6. 待鸡完全冷却后取出，在表皮刷上熟花生油，斩件，摆回鸡形，上面放芫荽段，跟上味碟即可。

炊腊鸭

名菜故事

岗美腊鸭起源于阳春岗美，是具有百年历史的土特产品牌。以本地麻鸭（多指蛋鸭）为主要原料，采用“三吹三晒”的独特工艺制作，秋冬两季为产季，其中以寒冬腊月制作的品质最佳。以传统手艺制作的“岗美腊鸭”，色香味俱全，具有色泽橙黄、皮滑发亮、腊味纯正、咸而不涩的特点，成为岭南地区一大腊味品牌。

烹调方法

蒸烘法

风味特色

皮色金黄油亮，皮脆肉香，腊香味浓郁，风味独特

知识拓展

腊鸭以烘熟成菜风味最佳，除此之外还可以用来煲汤、煲粥，或作为当地咸汤圆的配料同样别具风味。

原材料

主副料 岗美腊鸭1只（约500克）

调味料 无

工艺流程

1. 腊鸭用温水浸洗30分钟。
2. 锅内加入约100克水，洗干净的腊鸭保持原形（不拆支撑的竹片）放于蒸盘上，保持皮向上，加盖蒸至水干后改用慢火烘约40分钟，产生浓郁的腊香味。
3. 取出，待晾凉后沿脊骨切成两半，再横斩成1厘米宽的件整齐的码入碟中即可完成。

技术关键

1. 蒸烘前要将腊鸭清洗干净表面的灰尘杂质，浸可以减少咸味，并可根据需要控制浸洗的时间以调整咸度。
2. 烘腊鸭宜用慢火，锅内水干后需继续烘，不能加水，否则不能形成脆皮的质感，但是锅过热时可以熄火待温度降下来后再开火加热。

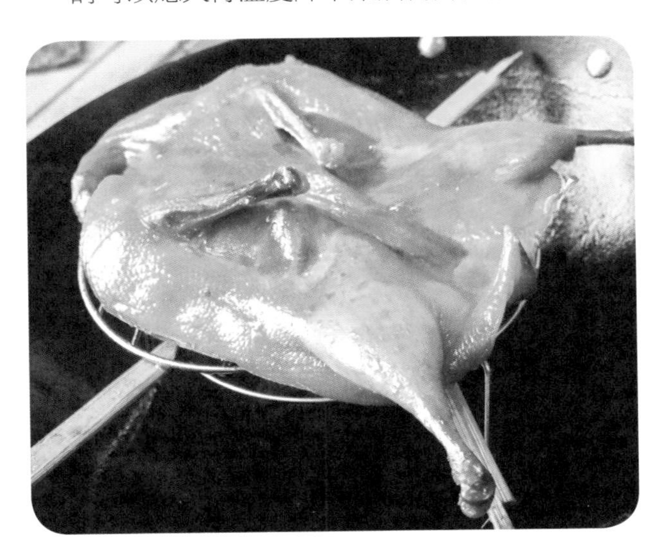

白切鹅

名菜故事

阳江黄鬃鹅和开平马冈鹅、潮汕狮头鹅、清远乌鬃鹅并称为广东四大名鹅。白切最能体现出鹅的原汁原味。

烹调方法

浸法

风味特色

鹅肉爽滑鲜美，原汁原味，肥而不腻

技术关键

浸鹅前可先用100克精盐腌制30分钟，效果更佳。

原材料

主副料 光鹅1只（约3500克）

料　头 姜块250克，葱条100克，蒜蓉5克

调味料 精盐2000克，味精500克，绍酒100克，芝麻油2克，白芝麻10克，生抽王30克，花生油20克，食用油100克，鲜汤30千克，冷汤10千克

工艺流程

1. 把光鹅清洗干净。
2. 烧热炒镬，用食用油滑镬，放进姜块、葱条爆炒至金黄色，烹酒，倒入汤桶中，加鲜汤30千克，猛火烧开，下精盐、味精调匀即成底汤。
3. 鹅浸入底汤中，再提起来，把腹内的水放出来，如此反复几次，最后把整个鹅浸没于汤中慢火浸约50分钟，捞起放入冷汤中浸至冷却。
4. 取少许浸鹅原汤，加入同量的生抽、芝麻油调成淋鹅汁。
5. 把蒜蓉放进味碟中，淋入热花生油，再加入生抽王调匀制成味碟。
6. 根据上菜需要选取合适的分量斩件装盘，淋入淋鹅汁，撒上白芝麻，跟味碟，完成。

咸虾酱蒸腩肉

主副料 五花肉300克

料　头 姜丝5克

调味料 咸虾酱30克，绍酒3克，花生油10克，芝麻油1克

名菜故事

咸虾酱即是虾仔酱，是东平大澳渔村的特产。大澳渔村腌制咸虾酱的传统工艺有300多年的历史，一般在每年的8—10月制作，通过捣碎自然发酵而成，具有滋味鲜美，酱香浓郁，回味无穷的特点，是当地调味佳品。

烹调方法

蒸法

风味特色

咸鲜醇浓，虾酱味香浓，质感软滑，肥而不腻

工艺流程

1 五花肉清洗干净，切成薄片。

2 咸虾酱、绍酒、花生油、芝麻油放进五花肉片里拌匀。

3 把拌好味的五花肉片平铺于碟中，在表面撒上姜丝，放入蒸笼中火蒸15分钟即可。

技术关键

1. 咸虾酱咸味较浓，一般不再放精盐调味。
2. 注意火候，以中火蒸制。

知识拓展

虾酱的用量可根据个人口味需要进行适当调整。传统菜式有虾酱蒸腩肉、虾酱炒通心菜等。

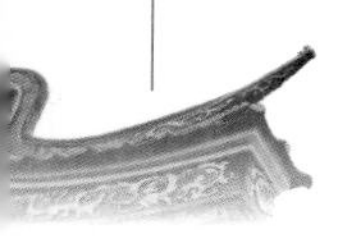

咸鱿蒸肉饼

名菜故事

用盐腌制数天的咸鱿鱼，风味独特，咸香鲜具备，以咸鱿蒸出来的肉饼，既减少了肉的腻感，丰富了质感，又补充了肉的咸香滋味，是一道十分下饭的菜。

烹调方法

蒸法

风味特色

质感爽滑，味道咸鲜，有咸鱿特有的香味

知识拓展

咸鱿的用量可根据个人口味需要进行适当调整。

主副料 去皮猪前腿肉350克，咸鱿鱼50克

料　头 姜丝5克，葱花3克

调味料 精盐1克，味精4克，胡椒粉0.5克，芝麻油1克，淀粉5克，花生油20克

工艺流程

1. 五花肉清洗干净，先切粒，再剁成肉蓉。
2. 咸鱿鱼冲洗干净，剁成蓉。
3. 肉蓉和咸鱿蓉放在盆内拌匀，顺一个方向搅拌至起胶后加入味精、淀粉、胡椒粉、芝麻油拌匀。
4. 搅拌好的肉胶放进盘内抹平成圆饼状，在表面撒上姜丝。
5. 中火蒸约12分钟，撒上葱花，淋上热花生油，完成。

技术关键

1. 肉蓉不宜剁得过烂。
2. 调味前要把肉蓉和咸鱿蓉充分搅拌均匀。

阳春甜扣肉

名菜故事

阳春大部分地区的香芋扣肉是甜扣肉，通过重糖制作，糖、酒和脂肪在长时间的加热中形成了特有的口味浓甜、软糯脍滑、色金红半透明的特点，甜香中散发着陈皮清香，令人垂涎欲滴！

烹调方法

蒸法

风味特色

质感软糯，芋头粉嫩，味甜而香醇，酱香浓郁，肥而不腻

原材料

主副料 带皮五花肉400克，香芋300克

料　头 蒜蓉5克

调味料 精盐15克，味精5克，白砂糖250克，生抽20克，老抽5克，芝麻油2克，九江双蒸酒10克，蚝油10克，腐乳1块，五香粉0.5克，蜜糖10克，食用油1000克（耗油100克），八角2个，橘饼粒10克，蜜枣2颗

工艺流程

1. 五花肉刮洗干净，放入锅内加水煲熟，取出，趁热抹上老抽，用钢针在皮上扎孔，用精盐搓擦。
2. 五花肉放进油中炸至皮色大红、酥脆，捞起放入冷水浸泡至回软后切成高12厘米，底宽3厘米的长身三角形件。
3. 芋头去皮，从中间横向截断，再纵向平均切成8件大小均匀的芋件，洗净后放入油镬中炸至表面酥脆。
4. 把精盐、味精、酒、蜜糖、生抽、蚝油、腐乳、芝麻油、五香粉、蒜蓉、八角放入碗内调匀成扣肉酱。
5. 取一大扣碗，碗底中间放蜜枣，沿着碗边将五花肉件（皮贴碗内壁）和芋头件相间紧密地码入碗中，然后把扣肉酱均匀地淋入碗内，上面放入橘饼粒，最后铺上白砂糖，封保鲜膜。
6. 入蒸笼蒸5小时至肉脍软，取出，反扣于碟中即可。

技术关键

1. 炸皮的时间要足够，炸至酥脆，表面布满小泡。
2. 蒸制以中小火为主，时间要足够。

知识拓展

橘饼可用陈皮代替。

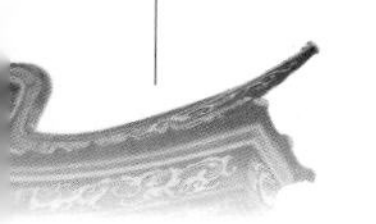

春砂仁焗排骨

名菜故事

春砂仁是阳春地道特产南药，中国国家地理标志产品，是我国四大南药之一，历来被视为“医林珍品”，在医药市场上享有盛誉，驰名中外。由于阳春是砂仁的地道产地，故有“阳春砂仁”之称。

烹调方法

焗法

风味特色

色泽金黄，味咸鲜，砂仁味浓香

技术关键

1. 砂仁要拍裂，使之容易出味。
2. 焗时以慢火为主，避免焗焦。

知识拓展

春砂仁还可与鸡、鱼等原料制作出一系列的食疗菜品。

原材料

主副料 排骨400克，干砂仁15克

料　头 姜片3克

调味料 精盐3克，白砂糖3克，味精6克，生抽6克，老抽1克，排骨酱10克，芝麻油1克，绍酒10克，蜜糖3克，淀粉5克，食粉2克，食用油500克（耗油50克）

工艺流程

1. 干砂仁分成两部分，将其中1/3用料理机打成粉状，剩下的拍裂备用。
2. 把排骨斩成6厘米的段，用清水充分冲漂净血水。
3. 捞起排骨，吸干水分，加入食粉、精盐、白砂糖、味精、砂仁粉、生抽、排骨酱、芝麻油、蜜糖拌匀，最后加入淀粉拌匀腌制2小时。
4. 排骨放入油中搅散泡油至七成熟，捞起沥干油分。
5. 烧热砂镬，放入少量食用油，爆香姜片、砂仁，放入排骨，烹酒，加盖慢火焗至熟即可。

阳江脍肉

名菜故事

阳江脍肉也就是阳江白砂糖猪肉，具有悠久的历史，是大小喜庆宴席不可缺少的一道传统菜品。脍肉，最早由东坡肉的做法借鉴过来的，由本地厨师按照当地口味改良成具有较重甜味的菜品，具有质感软糯、甜润可口的特点。

烹调方法

焖法

风味特色

色泽红亮，质感软糯，甘香甜润

技术关键

1. 焖时要用慢火，并且要不断搅拌，以防粘底。
2. 不能加盖，否则五花肉泻油干缩，失去肥润的质感。

原材料

主副料 五花肉500克，香芋200克

调味料 精盐5克，片糖200克，白砂糖30克，花雕酒50克，九江双蒸酒25克，生抽20克，老抽3克、南乳35克，食用油50克，八角3克，小茴香2克，甘草3克，陈皮3克，香叶2克，草果2克

工艺流程

1. 五花肉放入开水锅内煮约30分钟，捞出过冷水，切成3厘米×3厘米的正方件。
2. 香芋去皮，切成与五花肉同样大小的块，放入150℃的油镬中炸至熟透，捞起沥干油分，备用。
3. 把八角、小茴香、甘草、陈皮、香叶、草果洗净，装入纱布袋捆扎成香料袋。
4. 滑镬，放入白砂糖炒出糖色，下花雕酒、九江双蒸酒、片糖、生抽、南乳、老抽、少量水、香料袋慢火熬成浓浆，放入肉块，慢火焖约40分钟至肉脍软。
5. 放入芋头块焖10分钟至入味。
6. 转入煲仔，芋块垫底，肉皮朝上码整齐，淋入原汁，煲滚后即可。

珍珠马蹄炒三果

主副料 去皮珍珠马蹄200克，腰果35克，杏仁35克，花生20克，西芹30克，胡萝卜30克

料　头 蒜蓉3克，短葱榄2克

调味料 精盐3.5克，白砂糖1克，味精4克，芝麻油1克，淀粉5克，食用油30克

名菜故事

珍珠马蹄是阳江海陵的特有农业品种，其状小如珍珠，与普通马蹄的爽脆质感不同，珍珠马蹄软糯香口，有韧性、清新香甜。“马蹄炒三果”，就是将马蹄与腰果、杏仁、花生等干果类相搭配，珍珠马蹄的韧而清甜、果仁的脆而香口，碰撞出一番独特的滋味。

烹调方法

炒法

风味特色

色泽多彩鲜明，马蹄粉糯清甜，干果酥脆，味清鲜

技术关键

1. 炸果仁注意控制油温，炸至象牙色即可捞起，迅速摊开晾凉。
2. 炸果仁需在勾芡后再放入，防止吸水回软。

工艺流程

1. 西芹、胡萝卜分别切菱形丁。
2. 腰果、杏仁、花生先用精盐水滚过，再用油炸脆，搓去花生衣。
3. 珍珠马蹄、西芹丁和胡萝卜丁飞水备用。
4. 滑镬，放进蒜蓉爆香，放入胡萝卜丁、西芹丁、珍珠马蹄炒匀，下精盐、味精、白砂糖，用淀粉与芝麻油调匀倒入勾芡，加包尾油，最后放入葱榄、腰果、杏仁、花生拌匀，出镬装盘。

知识拓展

“三果”在菜肴具体制作中可根据需要变换干果的种类。

糖皮芝麻芋

名菜故事

阳春春湾种植香芋具有悠久的历史，春湾的土质、气候环境极适宜优质香芋的种植生产，加上村民已积累了丰富的种芋经验，因此，较其他地方出产的香芋具有营养丰富、品种纯正、含淀粉多、香浓、松口等特点，是制作菜肴的上乘之料。

烹调方法

炸法

风味特色

芋头外糖皮脆内粉糯，味甜香

技术关键

1. 芋头要充分蒸熟透。
2. 熬糖浆要用慢火。
3. 糖浆的浓度要达到能挂在芋头表面，不能出现起丝和返砂的现象。

原材料

主副料 芋头300克，熟白芝麻30克

调味料 白砂糖200克，食用油1000克（耗油150克）

工艺流程

1 芋头去皮，改刀成6厘米×2厘米×2厘米的块。

2 芋头件放入蒸笼蒸30分钟至熟，取出晾凉，再放入油中炸至表皮酥脆。

3 滑镬，放入30克清水，放入白砂糖慢火煮至浓稠成糖浆。

4 芋头块放进镬里边拌糖浆边撒白芝麻，出镬装盘。

知识拓展

芋头也可采用直接炸至熟透再挂糖浆，但质感稍差。

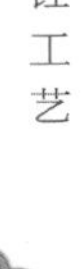

咸蛋彩薯芥菜汤

名菜故事

五彩薯是阳江阳西著名的土特产，其中以溪头镇永安村的五彩薯品质最佳。有紫肉、红肉、黄肉、白肉和五彩等，品质优良，具有粉、香、甜、滑、嫩等特点。

烹调方法

滚法

风味特色

色泽鲜明多彩，五彩薯质感细滑粉糯，汤鲜味美

知识拓展

批量制作时可先将五彩薯块煲脸，滚芥菜时直接放入汤中即可。

原材料

主副料 水东芥菜300克，五彩薯100克，咸蛋黄2个（约70克）

料　头 姜片5克

调味料 精盐6克，味精6克，芝麻油2克，鲜汤1000克，食用油50克

工艺流程

1. 水东芥菜清洗干净，切成7厘米的段。
2. 五彩薯去皮，切成滚刀块，浸于清水中备用。
3. 滑镬，放进姜片爆香，放入鲜汤烧开再放进五彩薯块滚至脸熟，然后放入咸蛋黄、芥菜段猛火滚至芥菜脸。
4. 下精盐、味精调味，最后滴入芝麻油，出镬装于汤窝中。

技术关键

1. 五彩薯要先滚脸，但不能软烂。
2. 滚芥菜时用猛火。

（八）湛江风味菜

酥炸沙虫

名菜故事

沙虫产于海中沙土之下，形状如虫，因而得名。虽其貌不扬，但营养丰富，蛋白质含量高。沙虫四季均有，由于味道和食疗价值很高，素有“海滩人参”美誉，引得不少食客慕名前来品尝。

烹调方法

炸法

风味特色

色泽金黄，清香爽脆

原材料

主副料 净沙虫250克，鸡蛋清20克

调味料 精盐1克，淀粉200克，盐焗鸡粉15克，食用油1000克（耗油100克）

工艺流程

1 沙虫洗净，用干毛巾吸干水分，精盐、盐焗鸡粉腌制，挂鸡蛋清，拍上淀粉。

2 逐条沙虫下镬炸至干身呈金黄色。

3 上桌，跟佐味碟即成。

技术关键

1. 沙虫翻洗净，以免有沙。
2. 吸干水分，挂蛋清不宜多。
3. 炸制时，油温要把控好，逐条下镬，成形要求直而均匀。

知识拓展

沙虫于20世纪90年代前均为天然生长，现已大量人工饲养，个子较肥大，营养丰富，售价较为昂贵，有干货、鲜货，味道各有千秋，食法多样，汤、炒、炸、蒸等。

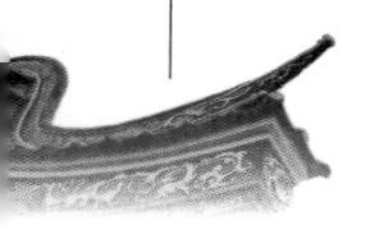

油炸虾饼

名菜故事

油炸虾饼是遍布粤西地区各城镇乡村的风味小食，香气流溢，因成品如饼状而得名。配以少量椒盐粉，一片生菜叶拌吃，香味诱人，食客戏称“雷州汉堡”。

烹调方法

炸法

风味特色

色泽金黄，酥脆鲜香

知识拓展

此菜可变换其他原料，制作成相应的油炸番薯饼、油炸鱼饼等。

原材料

主副料 海虾3条，面粉100克，粘米粉100克，淀粉50克

料　头 葱花5克

调味料 精盐2克，椒盐粉0.5克，食用油1000克（耗油100克）

工艺流程

1 面粉、粘米粉、淀粉加葱花、精盐、水调糊。

2 用小铁镬模具盛装，加入去壳海虾。

3 将已蘸上糊的海虾放入油镬炸熟至酥脆呈金黄色捞起。

4 撒上少许椒盐粉，跟上生菜即成。

技术关键

1. 油温把控适当。
2. 调浆稀稠度比例合理。

海味小炒王

名菜故事

湛江海味干货闻名遐迩，三五好友常聚一起小酌，下酒小菜极为讲究，正好此菜用多样海味干制品，经厨师巧烹，成菜干香而味鲜，质感爽脆，食材组合随意，充满海味干货特有气息，适合顾客多样食材同烹的饮食心理。

烹调方法

炒法

风味特色

干香美味，质感爽脆

技术关键

1. 油温控制好，以免影响海味及腰果的质感。
2. 猛火急炒，增加镬气，不需勾芡。

知识拓展

根据取材用料不同，做法有"河塘小炒皇""金秋小炒皇""田园小炒皇"等。

原材料

主副料 虾干50克，土鱿50克，银鱼干25克，腰果75克，蒜花50克，韭黄50克

料　头 蒜蓉5克，姜丝5克，红椒丝5克，葱度5克

调味料 精盐3克，白砂糖3克，味精2克，胡椒粉0.1克，芝麻油1克，绍酒5克，食用油1500克（耗油30克）

工艺流程

1. 蒜花、韭黄切成长6厘米，土鱿切6厘米×0.3厘米×0.3厘米丝。蒜花飞水，韭黄煸炒。
2. 虾干、土鱿丝、银鱼干、腰果分别飞水。
3. 猛火烧镬倒入1000克油，分别炸好腰果、虾干、土鱿丝、银鱼干。
4. 爆香料头，下主副料，烹酒炒匀。
5. 调入调味料，加包尾油炒匀装盘，再撒上腰果即成。

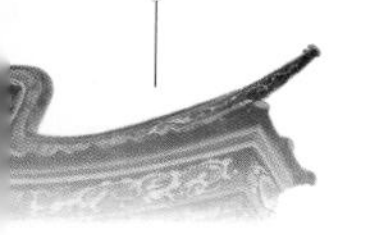

蚝仔煎蛋

名菜故事

蚝仔煎蛋，起源于福建、台湾等地区，湛江居民多从福建迁来，饮食习惯差不多。蚝仔味鲜美，鸡蛋焦香，令人垂涎欲滴。

烹调方法

煎法

风味特色

色泽金黄，鲜香

主副料 鲜蚝仔100克，鸡蛋3个

调味料 精盐3克，味精2克，胡椒粉0.1克，芝麻油1克，食用油80克

工艺流程

1 鲜蚝仔洗净飞水，滤干水分，加入蛋液，调入调味料。

2 猛火下油转中慢火，下蛋液煎至圆形，熟透蛋香，两面呈金黄色。

技术关键

1. 火候掌握恰当。
2. 要求抛镬基本功扎实。
3. 上席可改刀成形便于食用。

知识拓展

随着人们生活水平的提高，追求营养的搭配，遂步改良为蚝仔煲韭菜、生腌蚝仔等。

沙姜炒章鱼

名菜故事

章鱼是优良的海产品，身体较小而八条触腕又细又长，含丰富的蛋白质、矿物质等营养元素。湛江居海渔民更喜吃其墨蛋，因香糯可口，味鲜，浓厚冗长。

烹调方法

炒法

风味特色

质感爽脆，姜香浓厚

知识拓展

食用章鱼要注重品尝方法，尤其是吃其墨蛋，注意含嘴嚼烂，勿张嘴，否则黑墨蛋流出会弄脏衣服。其干制品也极具风味，煲汤更好。

◦○ 原 材 料 ○◦

主副料 鲜活章鱼500克

料　头 沙姜蓉25克，蒜蓉5克，葱度5克

调味料 美极酱油10克，蚝油10克，白砂糖3克，味精2克，胡椒粉0.1克，芝麻油1克，绍酒5克，食用油50克

工艺流程

1 章鱼宰杀洗净改小块飞水，热镬泡油。

2 爆香料头，下章鱼，烹酒。

3 调入调味料，勾芡，加包尾油炒匀即成。

技术关键

1. 章鱼泡油要快速，为保持质感爽脆。
2. 沙姜要足量，并要充分炒香。

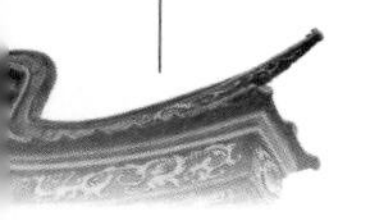

酸甜鲜鱿卷

名菜故事

酸甜风味是妇女儿童最爱，酸甜鱿鱼与酸甜咕噜肉故事应是同源，只是选材异同而已，湛江鲜鱿鱼产量丰富，为迎合顾客需求，在禽畜肉类基础上改为海产品，味道甜酸醒胃，鲜美醇香，让人回味无穷，现今宴席多选。

烹调方法

炸法

风味特色

色泽黄亮，酸甜醒胃

知识拓展

举一反三，类似这种做法的有“酸甜花蟹”“酸甜墨鱼”等。

原材料

主副料 鲜鱿鱼300克，鸡蛋1个，菠萝100克

料　头 蒜蓉5克，姜米5克，红椒件10克，葱度5克

调味料 精盐2克，糖醋汁200克，绍酒5克，淀粉5克，食用油1000克（耗油100克）

工艺流程

1 鱿鱼改刀麦穗形。用少许精盐腌制，上蛋浆，拍淀粉，菠萝切小块。

2 鱿鱼浸炸，至干身酥脆呈浅金黄色。

3 爆香料头，烹酒，调糖醋芡，下鱿鱼、菠萝，炒匀，加包尾油即成。

技术关键

1. 鱿鱼上粉要均匀。
2. 油温把控准确，不掉粉。
3. 芡汁以包裹原料为宜，稀稠适当。
4. 碟底略见芡汁。

豆芽韭菜炒海蜇皮

名菜故事

吴川博茂生产的海蜇是即食食品，因营养价值高，质感爽脆，味道好，食用方便，销量大而风靡全国各地。由于制作即食海蜇，一般用其肉，去其皮，湛江厨者充分利用海蜇皮烹制菜品，也极具风味，粤西地区各食肆作为常备菜，经济实惠，备受客人喜爱。

烹调方法

炒法

风味特色

质感爽脆，清香素雅

知识拓展

海蜇皮要用清水浸泡，去盐分，不然咸味极重，烹制时，快速飞水，过冷水，全程猛火急炒。此外，海蜇皮还可凉拌、姜葱炒等。

原材料

主副料 海蜇皮400克，黄豆芽200克，韭菜100克

料　头 姜丝5克，蒜蓉5克，红椒丝5克，葱度5克

调味料 精盐3克，白砂糖3克，味精2克，胡椒粉0.1克，芝麻油1克，猪油20克

工艺流程

1 韭菜切6厘米段，煸炒至三成熟。

2 海蜇皮切成9厘米×0.5厘米，飞水，滤干水分。

3 用猪油爆香料头，下韭菜、豆芽、海蜇皮，加入调味料勾芡，猛火速炒，加包尾油即成。

技术关键

1. 海蜇皮清水浸泡5小时，去咸味。
2. 成品易泻芡，要求猛火急炒，芡偏紧。
3. 猪油炒制更显地方风味。

油盐虾仔

名菜故事

油盐虾仔源自椒盐菜品系列，湛江享有“中国对虾之都”和“海鲜美食之都”称号，是世界第二产虾出口基地，符合标准收购或大虾烹制高档次菜肴之后，余下小虾，为食用方便，经油炸较酥香，入口全虾即食，是佐酒小菜，风味独特。

烹调方法

炒法

风味特色

干香鲜味，佐酒佳品

主副料 鲜虾仔500克

料　头 拍蒜子5克，姜米3克，葱花5克，

调味料 精盐5克，味精2克，胡椒粉0.1克，芝麻油1克，绍酒5克，食用油1000克（耗油100克）

工艺流程

1 虾仔炸至偏干身。

2 爆香料头，下虾仔，烹酒。

3 调入精盐、味精、胡椒粉、芝麻油，炒匀即成。

技术关键

1. 虾仔要保持原料鲜味，不宜过于干身。
2. 不需要勾芡。

知识拓展

作为地方风味菜，湛江还有一菜名叫“小鱼虾之恋”，就是小鱼和小虾合烹，颇受欢迎，也有入砂锅焗的，至收汁干香，甚是美味。

豉椒炒花甲

名菜故事

花甲即花蛤，其肉质鲜美、脆爽。炒花甲是一道简单的家常菜，豆豉浓香，花甲鲜嫩。

烹调方法

炒法

风味特色

豉香浓郁，味道鲜美

知识拓展

花甲的烹调方法多样，除豉椒炒之外，可姜葱炒、胡椒煲、冬瓜滚汤等。

原材料

主副料 花甲500克

料　头 椒件15克，蒜蓉5克，姜米5克，葱度5克

调味料 豆豉5克，蚝油5克，生抽5克，味精2克，白砂糖2克，胡椒粉0.1克，芝麻油1克，绍酒10克，食用油50克

工艺流程

1 花甲飞水，洗净泥沙，滤干水分。

2 爆香料头、豆豉，下花甲，烹酒。

3 调入蚝油、生抽、白砂糖、味精、胡椒粉、芝麻油等，埋芡炒匀，下包尾油即成。

技术关键

1. 花甲含有少许泥沙杂质，要飞水并洗净。
2. 无需泡油，保持鲜味。

海鲜炒米粉

名菜故事

此菜品作为宴席里的地方主食，湛江年例必有。所谓年例，是以游神摆宗台为核心并伴随各种民族文化表演节目。春节过后，湛江各地的年例活动如百花竞放，宴请亲朋好友，菜单里尽是海味，更离不开海鲜炒米粉，既品海味，又可当主食，饱食欲，两全其美。

烹调方法

炒法

风味特色

色泽黄亮，味道鲜美

知识拓展

此菜原材料既可选择鲜活海鲜，又可用海味干货。选材和制作多样，可炒河粉、炒面、炒粉丝等。

原材料

主副料 鲜鱿鱼50克，虾仁30克，螺肉30克，泥丁（泥地沙虫）25克，米粉250克

料头 葱度5克

调味料 生抽5克，精盐3克，味精2克，芝麻油1克，胡椒粉0.1克，食用油500克（耗油30克）

工艺流程

1. 米粉炟透。
2. 鲜鱿飞水，虾仁腌制，螺肉分别用130℃油温泡油至八成熟。
3. 滑镬，下米粉及其他材料，调以生抽、精盐、味精、芝麻油、胡椒粉、葱度炒匀即成。

技术关键

1. 米粉必须炟透，避免未透心或过熟。
2. 易粘镬，镬要保持干净光滑。

杂鱼海鲜煲

名菜故事

此菜是湛江地区常见的一种传统做法，源于渔夫经一天劳作，捕鱼归来，为保持鱼之原味，烹制又方便快捷，直接把不同类型的鱼入砂锅煮，并加适量的鲜虾和海螺，加少量水烹制，熟后相当鲜美，这种烹制方法后来推广到酒楼食肆，因营养丰富，鲜味十足，雷州方言有“龙肝不比鲜鱼血”之美谈。

烹调方法

煲法

风味特色

原汁原味，味道鲜美

知识拓展

此菜往往还可加其他适量的虾、蟹、贝类等海鲜同烹，鲜味更胜一筹。

原材料

主副料 泥猛鱼200克，鲨鱼200克，沙追鱼200克，鲜虾25克，海螺25克

料　头 姜片8克，芫荽5克

调味料 泰国鱼露10克，精盐2克，味精2克，胡椒粉0.1克，芝麻油1克

工艺流程

1 鲜杂鱼、鲜虾、海螺宰杀洗净，砂锅入汤水加姜片煮开。

2 下鲜杂鱼、鲜虾、海螺煮熟，调入调味料，放芫荽，适量香油，加盖上席即成。

技术关键

1. 汤水煮开再下鱼。
2. 避免杂鱼过熟，失去鲜美原味。

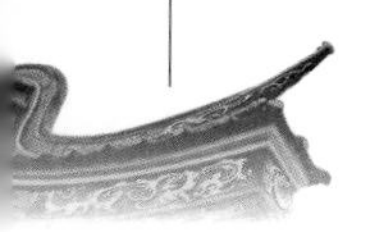

河唇鱼头汤

名菜故事

鱼头汤，取自廉江河唇镇鹤地水库盛产的鳙鱼头滚汤而出名，是游客到此必点之汤品。烹调时配以当地豆腐、南姜头，汤色奶白，味道鲜美，富含胶质蛋白，脂肪和热量低。

烹调方法

滚法

风味特色

汤色奶白，味道鲜美

知识拓展

此汤品与各地烹制方法同源，只不过突出选用本土食材，鱼头菜式多样，如剁椒蒸、砂锅焗、天麻炖等。

原材料

主副料 鳙鱼头500克，肉片100克，豆腐200克

料　头 姜片10克，芫荽5克

调味料 精盐1克，味精3克，胡椒粉0.1克，芝麻油1克，绍酒10克，食用油100克

工艺流程

1 鱼头斩块，每块约重50克，烧镬下油，下姜片、鱼头，并将鱼头煎至干身呈淡金黄色。

2 烹酒、下二汤、肉片、豆腐滚熟，汤至奶白色。

3 加入精盐、味精、胡椒粉、芝麻油调味，最后加入芫荽。

4 盛入汤锅即成。

技术关键

1. 鱼头要煎干身。
2. 滚时用猛火，姜、酒必有，以断鱼腥。

千叶海鲜豆腐

名菜故事

又名千层豆腐，20世纪80年代后，日本产的豆腐进入中国，此菜经粤西地区厨师改良，结合本土“中国海鲜美食之都”名片，充分发挥丰富的海鲜资源，烹制出一道成型美观，色彩芬芳，营养丰富，豆腐与海鲜合一的菜品，备受顾客青睐厚爱。

烹调方法

扒法

风味特色

色泽明快，清香鲜美

知识拓展

此菜突出刀工，层次分明，其他食材都能选择烹制，变化多样。所用鲜墨鱼，在行业内又俗称“花枝”。

原材料

主副料 中虾50克，鲜墨鱼50克，鸭肾1个，玉子豆腐3条，湿冬菇1个，玉米粒15克

调味料 精盐5克，味精3克，白砂糖2克，胡椒粉2克，芝麻油1克，绍酒5克，食用油30克

工艺流程

1. 豆腐改片呈叶子状造型，蒸好待用。
2. 改好虾球、墨鱼片、肾球飞水，泡油。
3. 原镬下原料，烹酒，调好调味料，炒好置于豆腐中间。
4. 用精盐、味精调制清芡，淋扒豆腐面上即成。

技术关键

1. 原料扒芡宜紧。
2. 原料色泽形状宜协调，造型美观。

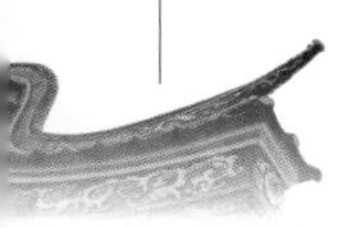

生腌泥丁

名菜故事

泥丁是一种长得像沙虫又比沙虫小一点的海底动物，又称土钉及泥地沙虫，主要分布在湛江海域，常年可采挖，秋高气爽季节尤其美味。

烹调方法

凉拌法

风味特色

肉质爽脆，味道鲜美

主副料 泥丁350克

料　头 姜丝5克，拍蒜子10克，椒丝5克，葱丝5克，芫荽5克

调味料 蚝油10克，生抽3克，鸡汁4克，芝麻油1克，胡椒粉0.1克，花生油25克

工艺流程

1 泥丁翻洗干净，飞水吸干水分。

2 爆香料头，倒入泥丁，调入调味料，加芝麻油拌匀即成。

技术关键

1. 泥丁飞水要快速，保持爽脆。
2. 洗清泥沙杂质。

知识拓展

泥丁是粤西地区特有品种，既可生腌，又可加入萝卜丝炒制，或煲汤、粥均可。

姜葱炒海豆芽

名菜故事

舌形贝，俗称海豆芽，地方语又名脚墙，有4.5亿年历史，是已发现生物中历史最长的腕足类海洋生物，形似黄豆芽，故名。营穴居生活，肌肉丰富，富含蛋白质，味道鲜美，四季均有捕获，粤西地区民间酒客有一狗二鲎三脚墙四花生的佐酒美谈。

烹调方法

炒法

风味特色

清香爽脆，味道鲜美

原材料

主副料 海豆芽350克

料　头 蒜蓉5克，姜丝5克，椒丝10克，葱度5克

调味料 蚝油5克，精盐1克，味精1克，白砂糖2克，白醋10克，胡椒粉0.1克，芝麻油1克，淀粉10克，绍酒5克，食用油30克

工艺流程

1. 爆香料头。
2. 下海豆芽，加点酒，加少量汤水。
3. 调入调味料，埋芡，加包尾油炒匀即成。

技术关键

1. 猛火急炒，成菜有少许汁。
2. 白醋后下，既除腥味又增加鲜味。

知识拓展

边海食民根据喜好，烹调方法多种多样，喜辣者施以辣酱，喜汤汁者不勾芡，或酸或辣，各有所爱。

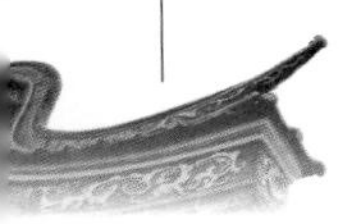

白灼濑尿虾

名菜故事

濑尿虾，俗称虾蛄，虾体内含虾青素，是表面红颜色的成分，虾青素是目前发现的最強的一种抗氧化剂。濑尿虾营养价值丰富，湛江吃客喜原味，烹制方法多选白灼、椒盐。

烹调方法

灼法

风味特色

肉质细嫩，虾味鲜美

知识拓展

濑尿虾白灼、椒盐，还可取肉烹制。濑尿虾是一种美味的海产品，虽皮多肉少，扒吃有点麻烦，但因其味道鲜美和具有较高营养价值，还是有越来越多的人喜爱。

原材料

主副料 濑尿虾500克

料　头 姜片10克，葱条15克

调味料 浙醋50克，白醋10克，姜丝5克

工艺流程

1 濑尿虾洗净。

2 猛火烧镬下油，放入姜葱，溅酒，加入二汤略滚去掉姜葱。

3 倒入濑尿虾至仅熟捞起装碟。

4 另跟佐料上席。

技术关键

1. 原料烹制前要清洗干净。
2. 白灼过程保持汤水大滚。
3. 仅熟即可。

盐水海鸭子

主副料　光鸭1只（约750克）

料　头　姜片10克，葱2条

调味料　精盐5克，胡椒粉0.2克

名菜故事

此菜源于南京金陵盐水鸭，经湛江厨师根据本土口味改进而来，金陵盐水鸭重花椒味，湛江重原味。湛江海鸭散养于海边，海水退潮后捕食海里动植物，小鱼、小虾，鸭质皮白肉嫩，肥而不腻，其蛋白质含量很高，脂肪含量适中且分布较均匀。

烹调方法

蒸法

风味特色

皮白肉嫩，肥而不腻，香鲜味美

知识拓展

海边鸭子体积小，符合蒸制，或加花椒蒸、橙皮蒸，还可盐焗、虫草花炖等。

工艺流程

1 光鸭洗净，吸干水分。

2 鸭身内外用精盐抹均匀。

3 置汤碟猛火蒸30分钟至熟。

4 取鸭斩件摆回原形，跟原汁上席即成。

技术关键

1. 洗净鸭内外，去清血污。
2. 鸭要蒸熟透，勿带血水。
3. 斩砌摆碟要美观、完整。

广海清水鸡

名菜故事

廉江良垌广海鸡，又名清水鸡，为本地人刘永海首创，食清水鸡有一大特色，就是有一碗私方配制的浓汤鸡汁蘸点伴食，此汤极为鲜美，故名“清水鸡”。广海鸡采用的是散养方式，专吃虫子，肉质细嫩，鸡型瘦小，养足180天重量控制在500克左右，母鸡产蛋后上厨，将广海鸡放入高压炉蒸熟，当鸡出炉时，只加少许精盐，鲜嫩无比，2003年，广海鸡被评为广东省名牌产品。

烹调方法

蒸法（平蒸法）

风味特色

色泽金黄，肉质鲜嫩，骨香，肥而不腻

原材料

主副料 光鸡1只（约1000克）

调味料 精盐5克

工艺流程

1 光鸡洗净，入高压炉蒸15分钟至熟。

2 出炉时加少许精盐调味。

3 斩件上碟，砌回鸡形。

4 食时跟鸡原汁一小碗上席即成。

技术关键

1. 要洗净鸡内外，去清血污。
2. 刀工斩件均匀，件数大小合理。
3. 砌摆回鸡原形，整齐美观。

知识拓展

广海鸡烹制方法多样，如盐焗、冬菇蒸、沙姜煲、白斩等。

生焖羊肉

名菜故事

“秋冬季节，总是羊肉飘香时”，湛江海边居民日常用餐必有鱼，亦喜羊味，尤两者若有兼得，更甚。故字以“鱼”“羊”为鲜。雷州产的黑山羊最负盛名，肉质好，无膻味，肥瘦适度，味道鲜美。

烹调方法

焖法

风味特色

集浓郁、鲜美、软滑于一身

原材料

主副料 羊肉500克，湿冬菇100克

料　头 姜块10克，蒜蓉5克，葱度5克

调味料 腐乳10克，柱侯酱10克，叉烧酱5克，白砂糖3克，味精2克，胡椒粉0.1克，芝麻油1克，食用油30克

工艺流程

1 羊肉斩块，每件重约20克。

2 爆香料头、调味料，下羊肉炒，加点酒。

3 加汤水副料焖60分钟至脍熟，收汁即成。

技术关键

1. 羊肉猛火爆炒，去其膻味。
2. 脍熟度要够。

雷州炒三丝

名菜故事

雷州风味特色土菜，有道是，凡宴席，必有三丝。食材选用湛江特产海味干货鱿鱼干、虾米，本地葛薯、葫瓜、白萝卜，且讲求时令性。此菜咸甜香润，质感嫩滑，在雷州民间多为逢年过节，喜庆宴席用菜，其寓意有亲情甜蜜，天长地久，白头偕老，皆大欢喜的饮食文化内涵，虽简单食材，但质感嫩滑，咸甜相宜，老少佳好。

烹调方法

炒法

风味特色

质感嫩滑，咸甜相宜

知识拓展

此菜的制作，根据地方风味和个人喜好，可咸鲜、酸辣、咸辣、咸甜等不同口味烹制，选材多样，丰俭由人。

原材料

主副料 白萝卜250克，胡萝卜50克，粉丝15克，腩肉50克，浸发虾米15克，土鱿15克，腐竹15克

料　头 姜丝3克，蒜蓉5克，葱度5克

调味料 蚝油5克，生抽5克，精盐3克，白砂糖50克，味精2克，胡椒粉0.1克，芝麻油1克，五香粉0.1克，绍酒5克，食用油100克

工艺流程

1 萝卜改6厘米×0.3厘米×0.3厘米丝，腩肉、土鱿、腐竹切8厘米×0.2厘米×0.2厘米丝，萝卜丝飞水，粉丝炟透。

2 腌制的肉丝、土鱿丝分别泡油。

3 爆香料头、虾米，下肉丝、土鱿丝，烹酒，下萝卜丝、汤水、腐竹，调入调味料，埋芡，下粉丝，炒匀加包尾油即成。

技术关键

1. 萝卜要熟透，粉丝最后下。
2. 汤水足够，芡汁稀稠适当。
3. 口味偏甜，咸鲜适当。

四、旅游风味套餐

（一）旅游风味套餐的概念

旅游风味套餐就是供旅游者享用的现成套餐，是一种特殊的套餐。它的特殊性表现在两个方面：一是其主要服务对象是远道而来的旅游者，必须符合旅游人群生理上的饮食需要；二是要结合当地饮食文化，体现当地风味特色，因为这往往是就餐者追求的。

（二）旅游风味套餐组合

根据以上的设计目的，一个旅游风味套餐应该包括汤品、大菜和主食等食品。在满足顾客生理需要的同时，还应当加入一些当地的特色食品，以体现当地的饮食特色。

1. 汤品

可以是炖汤、煲汤、滚汤和羹，一般是一道，最多两道，不宜过多。

2. 大菜

就是运用炒、焖、煎、炸、焗、焗……烹调方法制作的菜肴，选用食材是家禽、家畜、水产品和蔬菜。

3. 主食

可以是白米饭、炒饭、面食、米粉、粥、点心，制作方法多种多样，不拘一格。

（三）旅游风味套餐设计原则

1. 满足客人的需要

要根据客人的喜好设计和编写，在编写菜单前可以通过与客人的交谈了解客人的需要。

2. 突出当地风味特色

要结合当地饮食文化，整理一些具有浓郁地方特色的美食，以利于弘扬当地美食文化。

3. 符合客人的生理特点

旅游风味套餐接待对象主要是旅游者。旅游者一般会有疲劳、食欲差等生理特点，天气炎热时还有口干、脱水现象。旅游风味套餐要结合客人的这些生理特点来设计，力求符合他们的生理需要。

4. 注意季节差异

不同的季节有不同的时令原料。旅游风味套餐要注意安排时令原料，以突出季节性。

5. 注意饮食安全

设计旅游风味套餐时不要为了体现地方特性而使用不明来源、不明特性的材料，也不要为了节省而使用过期的、变质的材料，以避免食物中毒事件的发生。

6. 按人数设计

旅游风味套餐里面的分量要根据就餐人数来确定，掌握客人的食量，菜肴数量要适中。另外，由于广东人白事宴席菜肴数量为7道，所以旅游风味套餐的菜肴数量不要设计为7道。

7. 营养要均衡，种类要多样化

旅游风味套餐设计要注重粗粮、细粮搭配，荤素搭配，主副食搭配等，力求种类多样，所含营养齐全、比例适当，能满足人体的需要。

8. 菜肴的滋味、刀工成形、色彩要有变化

菜肴的滋味有浓郁有清淡，有鲜香有酸甜，有爽脆有嫩滑。刀工成形有整形的也有碎件的，有片状的也有丝条的，有大块的也有小丁的。菜肴色彩有原

色，有花色，有素雅，有对比强烈……菜肴的这样一些变化会令客人感觉套餐的丰盛。

（四）旅游风味套餐设计技巧

旅游风味套的设计除了把握上述原则外，还有以下几点技巧：

（1）选编有故事、有文化底蕴的菜品，以吸引客人关注。

（2）巧妙定价，使客人感觉物有所值。

（3）把握客人的旅游目的，针对客人消费心理设计。

（五）旅游风味套餐设计实例

表1至表32为广府地区旅游风味套餐设计实例。

表1　广州地区旅游风味套餐（1）

序号	属性	菜点名	主要原料	制法	主色调	口味
1	汤	花生眉豆煲鸡脚	花生、眉豆、鸡脚	煲	米黄	汤浓香鲜咸
2	热菜	太爷鸡	鸡	熏	酱红	咸鲜
3	热菜	避风塘炒蟹	肉蟹	炒	金黄	甘香味美
4	热菜	白果猪肚煲	猪肚、白果	焖	奶白	咸鲜
5	热菜	韭菜花炒河虾	韭菜花、河虾	炒	绿、红	清甜咸鲜
6	热菜	煎鱼饼	鲮鱼胶	煎	金黄	鲜滑嫩
7	热菜	上汤娃娃菜	娃娃菜、皮蛋、咸蛋	浸	青	咸鲜脆嫩
8	点心	泮塘马蹄糕	马蹄粉、马蹄粒	蒸	金黄	爽滑甜
9	点心	姜葱生肉包	低筋面粉、五花肉、大白菜	煎	白	软滑咸鲜美味

表2　广州地区旅游风味套餐（2）

序号	属性	菜点名	主要原料	制法	主色调	口味
1	汤	莲藕花生龙骨汤	莲藕、花生、猪骨	炖	暗红	汤浓香咸鲜
2	热菜	泥焗鸡	鸡	焗	金黄	咸鲜
3	热菜	火腩焖白鳝	火腩、白鳝	焖	酱红	嫩滑清鲜
4	热菜	吕田焖大肉	五花肉、干豆角	焖	酱红	浓香嫩滑咸鲜
5	热菜	茶香虾	虾	炸	酱红	脆嫩咸鲜
6	热菜	铁板烧汁茄子	茄子	铁板烧	酱红	咸鲜
7	热菜	盐水浸时蔬	菜心	浸	青	咸鲜脆嫩
8	点心	松化叉烧酥	低筋面粉、叉烧肉	烘	金黄	松化咸鲜美味
9	点心	空心煎堆	面粉、芝麻	炸	棕黄	香甜爽口，有弹性

表3　广州地区旅游风味套餐（3）

序号	属性	菜点名	主要原料	制法	主色调	口味
1	汤	西洋菜煲陈肾	腊鸭肾、西洋菜	煲	棕	汤浓香咸鲜
2	热菜	大盘鱼	鲩鱼	蒸	灰黑	咸鲜
3	热菜	白云猪手	猪手	煮	白	酸中带甜
4	热菜	生炸乳鸽	乳鸽	炸	金黄	咸鲜
5	热菜	蒜香骨	排骨	炸	金黄	咸鲜
6	热菜	紫苏焖鸭	田鸭	焖	酱红	咸鲜
7	热菜	蚝油生菜	生菜	扒	青	咸鲜脆嫩
8	点心	五香芋头糕	芋头	蒸、煎	金黄	咸鲜美味
9	点心	沙琪玛	面粉、鸡蛋	炸	金黄	香甜芳香

表4　东莞地区旅游风味套餐（1）

序号	属性	菜点名	主要原料	制法	主色调	口味
1	汤	生地冬瓜煲龙骨	生地、冬瓜、龙骨	煲	浅黑褐	咸鲜
2	热菜	葱油鸡	鸡	浸	浅黄	咸鲜
3	热菜	糖醋排骨	排骨	炸	橘黄	酸甜
4	热菜	清蒸鲩鱼	鲩鱼	蒸	黑白相间	咸鲜
5	热菜	白薯焖腩肉	白薯、腩肉	焖	浅黄	咸鲜
6	热菜	芹菜炒腊味	芹菜、腊味	炒	青红相间	咸鲜
7	热菜	蒜蓉炒时蔬	时蔬	炒	碧绿	咸鲜
8	点心	东莞大包	猪肉，鸡肉	蒸	乳白	咸鲜
9	点心	眉豆糕	眉豆	蒸	金黄	甜

表5　东莞地区旅游风味套餐（2）

序号	属性	菜点名	主要原料	制法	主色调	口味
1	汤	阴菜炖牛展	阴菜、牛展	炖	青黄	咸鲜
2	热菜	石龙豆皮鸡	鸡	浸	浅黄	咸鲜
3	热菜	石排煮大鱼	鳙鱼	煮	黑白相间	咸鲜
4	热菜	糖醋咕噜肉	五花肉	炸	橘黄	酸甜
5	热菜	五彩炒肉丝	猪瘦肉	炒	缤纷	咸鲜
6	热菜	白灵菇扒菜胆	白灵菇、上海青	扒	浅黄	咸鲜
7	热菜	蒜头豆豉炒麦菜	油麦菜	炒	碧绿	咸鲜
8	点心	花卷	葱、面粉	蒸	乳白带绿	咸鲜
9	点心	咸丸	糯米粉、腊肉、鸡块	煮	浅黄	咸鲜

表6　东莞地区旅游风味套餐（3）

序号	属性	菜点名	主要原料	制法	主色调	口味
1	汤	莲藕煲龙骨	莲藕、龙骨	煲	浅红	咸鲜
2	热菜	东莞碌鹅	鹅	碌	酱红	咸鲜带甜
3	热菜	冬瓜焖花蟹	冬瓜、花蟹	焖	红绿相间	咸鲜
4	热菜	高埗扣肉	芋头、五花肉	炸、蒸	酱红	咸鲜
5	热菜	金针红枣蒸乳鸽	乳鸽	蒸	红黄相间	咸鲜
6	热菜	芙蓉煎蛋	鸡蛋	煎	金黄	咸鲜
7	热菜	生炒菜心	菜心	炒	碧绿	咸鲜
8	点心	鲜虾荷叶饭	鲜虾、米饭	蒸	缤纷	咸鲜
9	点心	韭菜饼	韭菜、面粉	煎	金黄	咸鲜

表7　东莞地区旅游风味套餐（4）

序号	属性	菜点名	主要原料	制法	主色调	口味
1	汤	眉豆猪尾煲藤鳝	眉豆、猪尾、藤鳝	煲	深黄	咸鲜
2	热菜	蟛蜞酱蒸猪颈肉	蟛蜞酱、猪颈肉	蒸	酱红	咸鲜
3	热菜	冬菇焖鸡	冬菇、鸡	焖	白	咸鲜
4	热菜	吉列鱼块	鱼块	炸	金黄	咸鲜
5	热菜	豉油皇焗虾	虾	炸	金红	咸鲜
6	热菜	鸭喉老火萝卜	鸭喉、白萝卜	煲	白	咸鲜
7	热菜	蚝油生菜	生菜	炒	碧绿	咸鲜
8	点心	道滘裹蒸粽	糯米、五香肉	蒸	浅黄	咸鲜
9	点心	糖不甩	糯米粉、花生碎	煮	浅黄	甜

表8　佛山地区旅游风味套餐（1）

序号	属性	菜点名	主要原料	制法	主色调	口味
1	冷菜	三色拼盘	蒸猪、煎鱼饼、煎酿尖椒	蒸、干煎、煎酿	金黄	甘香
2	汤	拆烩鱼蓉羹	鱼蓉、丝瓜、冬菇、红萝卜等	白烩	白	软滑味鲜
3	热菜	美味四杯鸡	光鸡	焗	金红	味香，肉质嫩滑
4	热菜	碧绿水蛇片	菜心、水蛇肉	泡油炒	青绿、白	鲜爽
5	热菜	冲菜蒸鲩鱼	冲菜、鲩鱼	蒸	白	鲜嫩味鲜
6	热菜	野鸡卷拼炒牛奶	肥肉、瘦肉、牛奶、蛋白	酥炸、软炒	金黄、洁白	酥脆嫩滑
7	热菜	干鱿蒸肉饼	干鱿鱼、猪肉	蒸	浅黄	爽嫩滑
8	热菜	蚬肉生菜包	蚬肉、韭菜、生菜	生炒	青绿、浅黄	香口惹味
9	热菜	双菇扒菜胆	冬菇、鲜菇、生菜	扒	青绿、浅红	鲜爽
10	点心	上汤鱼皮饺	鱼皮饺、韭黄	煮	浅黄	爽口
11	点心	伦敦糕拼薄罉	伦敦糕、薄罉	蒸、煎	白、金黄	松嫩焦香
12	小食	红豆双皮奶	红豆、牛奶	炖	红、白	软嫩清甜

表9　佛山地区旅游风味套餐（2）

序号	属性	菜点名	主要原料	制法	主色调	口味
1	冷菜	得心斋扎蹄拼盘	猪蹄	浸、煮	金黄	皮脆肉香，鲜甘可口，齿缝留香
2	汤	八宝鱼云羹	鱼云、虾柳、蛋清、雪耳、叉烧、韭黄、香菇	焯、滚	白	鱼肉香滑，汤鲜无比
3	热菜	佛山招牌柱候鸡	雌鸡、姜、葱、蒜	浸、煮	金红	骨软肉滑，豉味浓郁
4	热菜	陶都鸳鸯鲩	鲩鱼、姜、葱	炸、蒸	白绿、金黄	鲜嫩细滑
5	热菜	蟠龙大鸭	光鸭、鱼肚、冬菇、火腿、蟹黄、虾肉	焯、炖	金黄	鲜甜香滑，味美可口
6	热菜	石湾鱼腐	鲮鱼肉、鲜蛋、菜胆、蛋白	炸、滚	黄白相间	入口甘香，滑嫩爽
7	热菜	五彩虾球	青虾、苦瓜、洋葱木耳、	焯、炒	缤纷	爽嫩滑
8	热菜	清蒸秋茄	秋茄、蒜蓉、豆豉	蒸	青绿、黑	清淡鲜美
9	热菜	豉汁蟠龙鳝	白鳝、姜、葱、豆豉	蒸	棕黑	肉质鲜嫩，豆豉清香
10	点心	北香园煎饺	北香园饺子	蒸、煎	金黄	嫩滑焦香
11	点心	飘香榴莲酥	千层酥皮、榴莲馅	炸	金黄	外酥内香，榴莲味足
12	小食	佛山九层糕	马蹄粉、牛奶	蒸	棕、白	软滑可口，乳香甜润

表10　佛山地区旅游风味套餐（3）

序号	属性	菜点名	主要原料	制法	主色调	口味
1	汤	高明粉葛龙骨汤	高明更合粉葛、龙骨、红萝卜、玉米	焯、煲	白	粉葛甘香，汤鲜无比
2	热菜	高明吊烧脆皮鸡	春鸡、姜、葱、蒜	烧	金黄	外焦内嫩，骨酥肉滑
3	热菜	高明碌鹅	高明三洲黑鹅、姜、葱、蒜	煎、碌、焖	棕黑	鲜甘可口，齿缝留香
4	热菜	高明鱼滑	鲩鱼、芋头丝、白萝卜丝脆粉丝	焯、炖	金黄	鲜美香滑
5	热菜	农家金丝虾	高明河虾、蒜、姜	炸、炒	金黄	肉嫩鲜美
6	热菜	花腩莲藕煲	高明香猪、合水莲藕	焯、焖	黑白	粉香可口，齿缝留香
7	热菜	酸芋荚焖鲶鱼	西坑鲶鱼、酸芋荚	焖	白、黑	酸鲜可口、肉嫩汁多
8	热菜	蒜香秋葵	秋葵、蒜、豆豉	蒸	绿	清新可口
9	点心	高明濑粉	濑粉、鸡蛋丝、花生	煮	白	色味俱全，回味无穷
10	点心	咸香入口角	澄面、萝卜干、肉末	蒸、煎	白	皮滑肉嫩，质感咸香
11	点心	香煎芋丝糕	芋头、虾米、粘米粉	蒸、煎	金黄	外酥内香，榴莲味足
12	小食	高明无花果糕	无花果、酸奶、鸡蛋	煮、冻	棕	酸甜可口，清热润肺

表11　清远、韶关地区旅游风味套餐（1）

序号	属性	菜点名	主要原料	制法	主色调	口味
1	汤	苦斋婆煲猪骨	苦斋婆、猪骨	煲	浅黑	味香浓郁
2	热菜	清远白切鸡	清远鸡	浸	白、黄	爽嫩滑
3	热菜	清远碌鹅	清远鹅、酱油、姜	碌	黄、浅黑	浓香味美
4	热菜	清蒸北江鲩鱼	北江鲩鱼、姜、葱	蒸	白、绿	清鲜味美
5	热菜	鲜笋炒烧肉	笋、烧肉、豆豉	炒	红、白	咸鲜香
6	热菜	番茄炒蛋	番茄、鸡蛋	炒	红	滑软糯
7	热菜	红烧豆腐	豆腐	烧	金黄	香嫩滑
8	热菜	生炒连州菜心	连州菜心、猪油渣	炒	绿	脆嫩清甜
9	点心	刀切糍	粘米粉	煮	白	咸香味浓郁，质感糯滑

表12　清远、韶关地区旅游风味套餐（2）

序号	属性	菜点名	主要原料	制法	主色调	口味
1	汤	红萝卜粉葛煲猪骨	红萝卜、粉葛、猪骨	煲	白	清鲜味美
2	热菜	清远烧鸡	清远鸡	烧	红	原汁原味
3	热菜	清远焖鹅	鹅、姜、蒜	焖	黄、黑	有嚼劲，味香浓
4	热菜	红烧鲤鱼	鲤鱼、姜、葱	煎、焗	酱黄	味道鲜美
5	热菜	白灼河虾	河虾	白灼	红	清甜爽
6	热菜	鱼香茄子煲	咸鱼、茄子	炸、焖	酱黄	咸鲜香
7	热菜	兰豆炒腊味	兰豆、腊味	炒	绿、红	爽脆咸鲜
8	热菜	上汤桑叶	桑叶、皮蛋	浸	绿	清鲜爽脆
9	点心	洲心大粥	大米、猪瘦肉、猪内脏	煮	粽、白	咸香绵滑

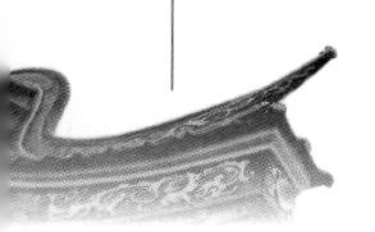

表13　清远、韶关地区旅游风味套餐（3）

序号	属性	菜点名	主要原料	制法	主色调	口味
1	汤	北江河杂鱼汤	杂鱼仔、豆腐	滚	白	汤色白，味鲜美
2	热菜	清远豉油鸡	清远鸡	浸	金黄	味鲜美
3	热菜	烧鹅	乌鬃鹅	烧	金黄	原汁原味
4	热菜	清蒸北江河鳊鱼	鳊鱼	蒸	白	清香原味
5	热菜	香芋扣肉	香芋、腩肉	蒸	酱黄、白	香糯软绵
6	热菜	尖椒炒鲜鱿	尖椒、鲜鱿	炒	白、绿	爽鲜
7	热菜	萝卜焖牛腩	萝卜、牛腩	焖	黄、白	清甜软绵
8	热菜	罐头鲮鱼炒油麦菜	罐头鲮鱼、油麦菜	炒	黑、绿	鲜脆
9	点心	阳山麦羹	玉米粉	煮	黄	香甜鲜美，入口细腻润滑

表14　清远、韶关地区旅游风味套餐（4）

序号	属性	菜点名	主要原料	制法	主色调	口味
1	汤	清补凉猪骨汤	清补凉、猪骨	煲	浅灰	汤香，味美
2	热菜	清蒸连山麻鸭	麻鸭	蒸	黄、灰褐	清香鲜美
3	热菜	胡椒猪肚鸡	胡椒、猪肚、鸡	煲	白	汤美、味清鲜
4	热菜	瑶山笋干焖猪肉	笋干、猪肉	焖	棕、白	有韧性，味香
5	热菜	清蒸本地南瓜	南瓜	蒸	金黄	香糯软绵
6	热菜	本地酸菜炒大肠	酸菜、大肠	炒	微黄	开胃可口
7	热菜	清炒土豆丝	土豆	炒	白	清脆爽口
8	热菜	上汤枸杞叶	皮蛋、枸杞叶	炒、煮	绿、白	清鲜脆嫩
9	点心	东陂水角	粘米粉、沙葛、瘦肉	蒸	白	皮软爽滑，咸甘适度

表15　肇庆、云浮地区旅游风味套餐（1）

序号	属性	菜点名	主要原料	制法	主色调	口味
1	热菜	白切杏花鸡	杏花鸡	浸	白	皮爽肉滑
2	热菜	豉汁蒸鲥鱼	鲥鱼	蒸	褐	嫩滑清鲜
3	热菜	龙潭莲藕猪手煲	莲藕、猪手	焖	金黄	嫩滑咸鲜
4	热菜	笼仔蒸西江河虾	西江河虾	蒸	金黄	咸鲜爽嫩
5	热菜	炭烧竹鼠	竹鼠	烤	棕红	皮脆肉香
6	热菜	红烧文笋	文笋	焖	金黄	咸鲜脆嫩
7	热菜	清汤浸剑花	剑花	清	青绿	咸鲜脆嫩
8	热菜	生炒菜心	菜心	炒	绿	鲜咸爽嫩
9	点心	肇庆裹蒸粽	糯米、五花肉、绿豆	蒸或者煮	白	软滑咸鲜美味
10	点心	香煎南瓜饼	南瓜、糯米粉、豆沙馅	煎	黄	软滑香甜芳香

表16　肇庆、云浮地区旅游风味套餐（2）

序号	属性	菜点名	主要原料	制法	主色调	口味
1	汤	毛蟹鸡汤	毛蟹、本地鸡	清	黄	咸鲜香
2	热菜	生啫杏花鸡	杏花鸡	啫	红亮	咸鲜，皮爽肉滑
3	热菜	清蒸文岃鲤	文岃鲤	蒸	金黄	嫩滑清鲜
4	热菜	思劳兔	兔肉	焖	金黄	芳香咸鲜
5	热菜	荷香蒸西江甲鱼	西江甲鱼	蒸	金黄	咸鲜滑嫩
6	热菜	肇城家乡扣肉	五花肉、香芋	扣	棕红	皮脆肉香
7	热菜	文笋炒烧腩	文笋、烧腩	炒	金黄	鲜咸香爽嫩

续表

序号	属性	菜点名	主要原料	制法	主色调	口味
8	热菜	姜汁炒芥蓝	芥蓝	炒	青绿	鲜咸爽脆
9	点心	朗鹤云吞	云吞皮、猪油渣、肉馅	煮	白	咸鲜美味
10	点心	广宁番薯饼	广宁番薯、糯米粉	煎	黄	软滑香甜芳香

表17　肇庆、云浮地区旅游风味套餐（3）

序号	属性	菜点名	主要原料	制法	主色调	口味
1	汤	七星剑花煲猪骨	七星剑花、猪龙骨	煲	青	咸鲜
2	热菜	茶油鸡	杏花鸡	油浸	棕红	咸鲜，皮爽肉滑
3	热菜	麒麟西江河鲈	鲈鱼	蒸	金黄	嫩滑清鲜
4	热菜	椒盐竹虫	竹虫	酥炸	金黄	咸香微辣
5	热菜	香芋焖黑鲩	黑鲩鱼、香芋	扣	棕红	咸鲜软糯
6	热菜	藕尖炒海参	藕尖、海参	啫	红亮	咸鲜爽脆
7	热菜	鼎湖上素	三菇、六耳	扣	金黄	咸鲜爽嫩
8	热菜	上汤菠菜	菠菜	清	汤白菜绿	咸鲜
9	点心	石磨肠粉	肉馅、特制米浆	蒸	白	软滑咸鲜
10	点心	紫背天葵卷	紫背天葵、马蹄粉	蒸	紫	软滑香甜芳香

表18　江门、中山地区旅游风味套餐（1）

序号	属性	菜点名	主要原料	制法	主色调	口味
1	汤	菜干煲猪骨汤	菜干、猪骨、黄豆、红萝卜	煲	棕	汤浓香咸鲜
2	热菜	新会陈皮虫草蒸滑鸡	陈皮、虫草花、光鸡	蒸	金黄	嫩滑鲜甜

续表

序号	属性	菜点名	主要原料	制法	主色调	口味
3	热菜	豉油皇蒸鲩鱼	水库鲩鱼	蒸	金黄	嫩滑清鲜
4	热菜	陈皮骨	肋排骨、陈皮	炸	金黄	甘香咸鲜
5	热菜	咸鱼茄瓜煲	台山梅香咸鱼、紫茄瓜	焖	金黄	芳香嫩滑咸鲜
6	热菜	凉瓜炒牛肉	杜阮凉瓜、牛肉	炒	绿、金黄	咸鲜脆嫩
7	热菜	上汤浸时蔬	菜心	浸	青绿	咸鲜脆嫩
8	点心	生肉包	低筋面粉、五花肉、大白菜	蒸	白	软滑咸鲜
9	点心	凉瓜汤丸	杜阮凉瓜、糯米粉、豆沙馅	炸	青绿	香甜芳香

表19　江门、中山地区旅游风味套餐（2）

序号	属性	菜点名	主要原料	制法	主色调	口味
1	汤	凉瓜炖猪骨汤	杜阮凉瓜、猪骨、干瑶柱、黄豆	炖	米黄	汤浓香鲜咸
2	热菜	陈皮隔水蒸鸡	陈皮、光鸡	蒸	黄	嫩滑鲜咸
3	热菜	荷塘冲菜蒸鲶鱼	鲶鱼	蒸	金黄	嫩滑清鲜
4	热菜	台山五味鹅	光鹅	焖	金黄	浓香嫩滑咸鲜
5	热菜	铁板盘龙茄	紫茄瓜、鲮鱼胶	炸	黑	甘香咸鲜
6	热菜	特色小炒皇	韭菜花、腊味、虾干、炸腰果、萝卜干	炒	缤纷	爽脆嫩，咸鲜甘香
7	热菜	精盐水浸时蔬	菜心	浸	青	咸鲜脆嫩
8	点心	叉烧包	低筋面粉、叉烧肉	蒸	白	软滑咸鲜美味
9	点心	恩平菱粉糍	葛粉、生粉	蒸	棕黄	香甜爽口，有弹性

表20　江门、中山地区旅游风味套餐（3）

序号	属性	菜点名	主要原料	制法	主色调	口味
1	汤	陈皮煲水鸭汤	陈皮、水鸭、瘦肉	煲	棕	汤浓香鲜咸
2	热菜	金牌芝麻鸡	陈皮、虫草花、光鸡	炸	金黄	甘香，味道鲜美
3	热菜	豉汁蒸鳊鱼	鳊鱼	蒸	金黄	嫩滑清鲜
4	热菜	花生猪手煲	花生、猪手	焖	金黄	芳香嫩滑咸鲜
5	热菜	干煎荷塘鱼饼	鲮鱼肉、马蹄肉、葱	炸	金黄	甘香爽滑
6	热菜	芥蓝炒腊味	荷塘芥蓝、江门鹏中皇腊肉、腊肠	炒	金黄	咸鲜脆嫩
7	热菜	蚝油扒生菜	生菜	扒	绿	咸鲜脆嫩
8	点心	台山大包	低筋面粉、五花肉、鸡蛋	蒸	白	软滑咸鲜美味
9	点心	香煎南瓜饼	南瓜、糯米粉、豆沙馅	煎	黄	软滑香甜芳香

表21　江门、中山地区旅游风味套餐（4）

序号	属性	菜点名	主要原料	制法	主色调	口味
1	汤	马齿苋头猪骨汤	马齿苋头、绿豆、猪骨、姜	煲	米黄	汤浓香鲜咸
2	热菜	脆皮咸鸡	光鸡	炸	金黄	甘香，味道鲜美
3	热菜	豉汁蒸黄鄂鱼	黄鄂鱼	蒸	白	嫩滑清鲜
4	热菜	莲藕焖猪手	莲藕、猪手	焖	金黄	咸鲜浓香
5	热菜	陈皮蒸牛肉饼	牛肉、马蹄肉、葱	蒸	金黄	甘香爽滑
6	热菜	都斛椰菜花炒腊肉	都斛椰菜花、江门鹏中皇腊肉	炒	金黄、白	咸鲜脆嫩
7	热菜	上汤浸时蔬	菜心	浸	绿	咸鲜脆嫩
8	点心	炸咸水角	糯米粉、粘米粉、五花肉	炸	金黄	咸鲜甘香软滑
9	点心	香煎番薯饼	番薯、糯米粉、豆沙馅	煎	黄	软滑香甜芳香

表22　阳江地区旅游风味套餐（1）

序号	属性	菜点名	主要原料	制法	主色调	口味
1	汤	茶树菇煲鹅骨	鹅骨、茶树菇	煲	浅棕	清鲜味美
2	冷菜	炆腊鸭	岗美腊鸭	烘	金黄	咸鲜，腊香味浓
3	热菜	豉椒炒花甲	花甲、尖椒、豉汁	炒	白、绿、黑	咸鲜微辣
4	热菜	粉丝蒸白贝	蛤蜊（白仔）、粉丝、蒜蓉	蒸	白、黄	爽滑，软嫩
5	热菜	阳江豆豉蒸排骨	排骨、豆豉	蒸	灰白、黑	咸鲜，豉香浓郁
6	热菜	珍珠马蹄炒三果	珍珠马蹄、腰果、杏仁、花生	炒	白、黄	爽脆粉糯
7	热菜	生死恋（鲜鱼蒸咸鱼）	白鲳鱼、马鲛咸鱼	蒸	浅红、绿	清鲜味美
8	热菜	咸鱼茄子煲	茄瓜、咸鱼	焖	酱黄	咸鲜鱼香
9	热菜	虾酱炒芥蓝	芥蓝苗	炒	绿	脆嫩，虾酱味浓郁
10	热菜	白沙鹅𩟔饭	米饭、鹅𩟔肉	炒	白、棕	鲜香味美
11	点心	生磨马蹄糕	马蹄粉、马蹄、白砂糖	蒸	浅黄棕	清甜有弹性

表23　阳江地区旅游风味套餐（2）

序号	属性	菜点名	主要原料	制法	主色调	口味
1	汤	天麻煲油螺	油螺、天麻、瘦肉	煲	清	清鲜味美
2	热菜	泥焗鸡	鸡	焗	黄	咸香鲜美
3	热菜	清蒸白花鱼	白花鱼、姜丝、葱丝	蒸	白	清鲜爽滑
4	热菜	姜葱炒花蟹	花蟹	炒	浅红、绿	咸鲜味美
5	热菜	砂仁焗排骨	排骨、砂仁	焗	酱黄	咸鲜，砂仁味浓郁

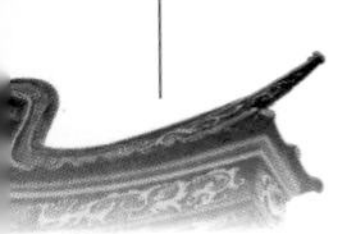

续表

序号	属性	菜点名	主要原料	制法	主色调	口味
6	热菜	阳江脍肉	五花肉、芋头	焖	金红	脍软糯滑香甜
7	热菜	白灼虾	基围虾	白灼	红	原汁原味
8	热菜	姜葱爆鱿鱼仔	鱿鱼仔、姜、葱	炒	白、黄、绿	咸鲜爽脆
9	热菜	海味粉丝煲	粉丝、鱿鱼丝、虾米、瘦肉丝	煲仔	白、红、黄	爽滑鲜美
10	热菜	上汤菜心	菜心、皮蛋	焯	绿	清鲜爽脆
11	点心	猪肠碌	粉皮、河粉、豆芽	蒸、炒	白	鲜香味美

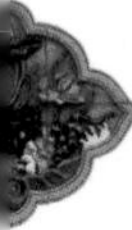

表24 阳江地区旅游风味套餐（3）

序号	属性	菜点名	主要原料	制法	主色调	口味
1	汤	咸蛋彩薯芥菜汤	芥菜、五彩薯、咸蛋黄	滚	绿、紫、红、黄	汤色多彩，味鲜美
2	热菜	阳江河堤白切鸡	骟鸡	浸	黄、白	爽滑，味鲜美
3	热菜	白灼泥蚶	泥蚶	白灼	灰白、黄	原汁原味
4	热菜	辣炒三点蟹	三点蟹	炒	红	咸鲜味美
5	热菜	铁板海鲜豆腐	豆腐、虾仁、鱿鱼、带子、豆腐	铁板烧	酱黄、白、红	嫩滑，咸鲜味美
6	热菜	咸虾酱蒸腩肉	五花肉、咸虾酱	蒸	白、灰褐	咸鲜
7	热菜	XO酱炒猪爽肉	猪颈肉、茶树菇	炒	酱红	爽口，咸鲜微辣
8	热菜	椒盐青鲳	青鲳	炸	黄	咸香微辣
9	热菜	糖皮芝麻芋	芋头	蒸、炸	黄、灰白	皮脆肉糯，味香甜
10	热菜	豆豉鲮鱼炒八甲麦	八甲麦菜	炒	绿	清鲜脆嫩
11	点心	狗脷仔	糯米	蒸	棕褐	清甜有弹性

表25　阳江地区旅游风味套餐（4）

序号	属性	菜点名	主要原料	制法	主色调	口味
1	汤	生滚泥鯭（鬼婆）汤	泥鯭	滚	白	味鲜美
2	冷菜	白切鹅	黄鬃鹅	浸	黄、灰褐	爽滑，味鲜美
3	热菜	栋焗花蟹	花蟹	焗	红	咸鲜味美
4	热菜	阳春甜扣肉	五花肉、芋头	蒸	金红	嫩滑，咸鲜味美
5	热菜	盐焗生蚝	生蚝	蒸	微黄	嫩滑，味鲜美
6	热菜	香煎墨鱼饼	墨鱼	煎	金黄	味鲜香
7	热菜	萝卜牛筋煲	牛筋、萝卜	焖	酱红	爽脆，酱香浓郁
8	热菜	蚝仔煎蛋	生蚝肉、鸡蛋	煎	黄	咸香鲜美
9	热菜	猪肚螺白菜煲	小白菜、猪肚螺	煲仔	绿、白	清鲜脆嫩
10	热菜	三丝炒鱼面	鱼面、木耳、胡萝卜、西芹	炒	白、黄、红、绿	爽滑、弹牙、味清鲜
11	点心	阳春叶贴	糯米粉、花生	蒸	白	咸香、质感软中带有爵劲

表26　阳江地区旅游风味套餐（5）

序号	属性	菜点名	主要原料	制法	主色调	口味
1	汤	阳春风姜鸡	鸡、风姜	煲	黄、白、红	汤味浓厚鲜醇
2	冷菜	家乡炊鹅	黄鬃鹅	蒸	酱黄	鲜香味美
3	热菜	姜葱炒牛杂	牛肉、牛百叶、牛肚、牛心、姜、葱	炒	褐、灰、白、绿	爽滑，味鲜美
4	热菜	椒盐濑尿虾	濑尿虾	炸	灰红	咸鲜味美
5	热菜	咸鱿蒸肉饼	五花肉、咸鱿鱼	蒸	灰白	咸鲜味美

续表

序号	属性	菜点名	主要原料	制法	主色调	口味
6	热菜	虾螺粉丝煲	虾、蛤蜊	煲仔	白、红	爽滑，味鲜美
7	热菜	葱爆丐苏文	丐苏文鱼、姜、葱	炒	黄、绿	咸鲜味美
8	热菜	香煎一夜埕	咸刀鲤	煎	金黄	皮脆肉嫩，咸香鲜美
9	热菜	生炒水东芥	水东芥菜	炒	绿	清鲜脆嫩
10	主食	程村蚝饭	米饭、生蚝肉	炒、焗	白、灰、绿	鲜香爽口
11	点心	叶薄包	糯米粉、萝卜、蚝、虾米	蒸	白、半透明	爽口咸鲜

表27 湛江地区旅游风味套餐（1）

序号	属性	菜点名	主要原料	制法	主色调	口味
1	汤	河唇鱼头汤	鱼头、豆腐白	滚	奶白	咸鲜
2	热菜	湛江清水鸡	光鸡	蒸	黄	咸鲜
3	热菜	豉汁蒸鲳鱼	海鲳鱼	蒸	洁白	咸鲜
4	热菜	蚝仔煎蛋	蚝仔、鸡蛋	煎	金黄	咸鲜
5	热菜	沙姜炒章鱼	章鱼、沙姜	炒	黄色	咸鲜
6	热菜	生腌泥丁	泥丁、香菜、生葱	凉拌	青绿	咸鲜
7	热菜	千叶海鲜豆腐	鲜虾、鱿鱼、鸭肾、玉子豆腐	扒	黄、红、白	清鲜味美
8	热菜	上汤浸菜心	青菜心	浸	青	脆嫩
9	主食	炒土豆粉	土豆粉、花生米	炒	白	焦香

表28　湛江地区旅游风味套餐（2）

序号	属性	菜点名	主要原料	制法	主色调	口味
1	汤	粉葛茯苓排骨汤	排骨、茯苓、粉葛	炖	淡黄	咸鲜
2	热菜	徐闻盐水鸭	海鸭	蒸	黄	咸鲜
3	热菜	清蒸红鱼	红鱼	蒸	洁白	咸鲜
4	热菜	油盐虾仔	鲜虾仔	炒	红	咸鲜
5	热菜	土豆红烧肉	五花肉、土豆	焖	金黄	咸甜
6	热菜	滨腌三素	生蒜、香菜、酸菜	凉拌	青、绿、黄	咸鲜
7	热菜	干煸椰菜	椰菜	干煸	奶白	咸鲜
8	热菜	上汤浸苋菜	苋菜	浸	绿	咸鲜
9	点心	开花馒头	面粉	蒸	白	甜

表29　湛江地区旅游风味套餐（3）

序号	属性	菜点名	主要原料	制法	主色调	口味
1	汤	虫草花老鸭汤	光鸭、虫草花	炖	黄	咸鲜
2	热菜	雷州清水鸡	光鸡	蒸	黄	咸鲜
3	热菜	豉汁蒸排骨	排骨	蒸	黑	咸鲜
4	热菜	明炉焗杂鱼	杂鱼	焗	白	咸鲜
5	热菜	蒜蓉开边蒸虾	海虾	炒	奶黄	咸鲜
6	热菜	西芹百合炒腰果	腰果、百合、木耳、西芹	炒	黄、白、黑、绿	咸鲜
7	热菜	虾米炒三丝	虾米、土鱿、白萝卜、粉丝	炒	奶白	咸鲜
8	热菜	鸡汤煲菜心	菜心	煲	青	咸鲜
9	点心	葱油饼	面粉、生葱、糯米粉、生粉	煎	金黄	咸鲜

表30　湛江地区旅游风味套餐（4）

序号	属性	菜点名	主要原料	制法	主色调	口味
1	汤	花旗参炖鸡	光鸡、花旗参	炖	淡黄	咸鲜
2	冷菜	白切鸡	光鸡	浸	黄	咸鲜
3	热菜	白灼中虾	中虾	白灼	红	咸鲜
4	热菜	清蒸软唇鱼	软唇鱼	蒸	洁白	咸鲜
5	热菜	凉拌青瓜海蜇皮	海蜇皮、青瓜	凉拌	黄、绿	酸甜
6	热菜	生焖羊肉	羊肉	焖	金黄	咸鲜
7	热菜	豉椒炒花螺	花螺、花椒	炒	绿、黄	咸鲜
8	热菜	上汤水东芥	水东芥菜	浸	绿	咸鲜
9	点心	粗粮椰丝包	面粉	蒸	白	甜

表31　湛江地区旅游风味套餐（5）

序号	属性	菜点名	主要原料	制法	主色调	口味
1	汤	灵芝炖老鸭	老鸭、灵芝	炖	淡黄	咸鲜
2	热菜	脆皮炸子鸡	光鸡	炸	金黄	咸香
3	热菜	白灼中虾	中虾	白灼	红	咸鲜
4	热菜	清蒸软唇鱼	软唇鱼	蒸	洁白	咸鲜
5	热菜	洋葱炒海豆芽	海豆芽	炒	白青	咸鲜
6	热菜	卤水猪脚焖栗子	猪脚、栗子	焖	金黄	咸鲜
7	热菜	豆芽韭菜炒海蜇皮	海蜇皮、豆芽、韭菜	炒	绿、黄	咸鲜
8	热菜	上汤水东芥	水东芥菜	浸	绿	咸鲜
9	点心	粗粮椰丝包	面粉	蒸	白	甜

表32　湛江地区旅游风味套餐（6）

序号	属性	菜点名	主要原料	制法	主色调	口味
1	汤	石斛炖排骨汤	石斛、排骨	炖	淡黄	咸鲜
2	冷菜	白切鸡	光鸡	浸	黄	咸鲜
3	热菜	白灼中虾	虾	白灼	红	咸鲜
4	热菜	韭黄炒沙虫	沙虫、韭黄	炒	黄白	咸鲜
5	热菜	清蒸石斑鱼	石斑鱼	蒸	洁白	咸鲜
6	热菜	芋头扣肉	五花腩、芋头	扣	金黄	咸甜
7	热菜	海味小炒王	虾干、银鱼干、土鱿、韭黄、蒜花	炒	红、青、黄	咸鲜
8	热菜	上汤浸菜心	菜心	汤浸	青	咸鲜
9	点心	粗粮椰丝包	面粉	蒸	白	甜

后记

广东省“粤菜师傅”工程系列培训教材在广东省人力资源和社会保障厅的指导下，由广东省职业技术教研室牵头组织编写。该系列教材在编写过程中得到广东省人力资源和社会保障厅办公室、宣传处、财务处、职业能力建设处、技工教育管理处、异地务工人员工作与失业保险处、省职业技能鉴定服务指导中心、职业训练局和广东烹饪协会的高度重视和大力支持。

《广府风味菜烹饪工艺》教材具体由东莞市技师学院牵头，广州市轻工技师学院、江门市技师学院、肇庆市技师学院、阳江技师学院、湛江商业技工学校、清远市技师学院、中山市技师学院、广州市旅游商务职业学校等单位参加编写。该教材主要收录了粤菜中20个广府通用菜和162个地方风味菜，地方风味菜涵盖广州、佛山（顺德）、东莞、清远、韶关、江门、中山、肇庆、阳江、茂名、湛江等11个地区（地域）的地方特色风味菜，具有强烈的地方食材及烹调特点，同时对全省的广府传统菜进行了深度挖掘，将个别濒临失传的名菜收录其中，对推动粤菜文化传承与发展，对粤菜师傅培训起到了积极作用。该教材可作为开展“粤菜师傅”短期培训和职业院校全日制粤菜烹饪专业基础课程配套教材，同时可作为宣传粤菜文化的科普教材。

《广府风味菜烹饪工艺》菜品主要由编者向餐饮行业协会、名家名企以及大量民间调研整理而来，为确保录入菜品制作流程科学属实，参编单位组织相关人员进行实际制作，并将成品拍摄图片、录入教材中。教材在编写过程中，得到了黎永泰、黄明超、潘英俊、谭小敏、钟洁玲、秦鉴洪、周爱诗、刘沛森、秦伟雄、张永长、邱金煌、陆飞等专家学者、企业家和行业专家，以及东莞宾馆、东莞市高技能公共实训中心、东莞石龙奇香鸡、东莞石龙小竹园菜馆、东莞章姨家庭农场美味食府、东莞创艺生态园、黄埔华苑酒家、肇庆市商务技工学校等单位的大力支持，在此一并表示衷心的感谢！

《广府风味菜烹饪工艺》编写委员会

2019年8月